他的客戶依賴度和滿意度高達

99.99%

大家心目中「任何事情只想找他」

前三名！

旱地阿貴

台灣最了不起業務員，

用口碑和獎盃寫滿傳奇，

二十年來首度公開 第一名的思維和態度！

不只是業務，

更是客戶的：

理財顧問／

理債專家／

疑難雜症處理機／

心靈導師／

專業隨身顧問／

半夜神救援的恩人！

林文貴——著

一本難以超越的**業務經典** 鄉土小人物藏著令人驚嘆的**處世智慧**

來自全省100位客戶的推薦

新化高中　王宏維老師
真輝光學　王輝田
浹揚人力資源　李文福總經理
咖啡星異國料理　李賢南
曄興水泥　李耀宗
韋翔科技　林仰聖
永宏蘭業　林畯騰
南安國小　林建榮老師
南安國小　涂淑君老師
崑山高中　陳志洋老師
明光電池　陳家豪
陳宏仰　老師
順福牛肉　陳志雄
和達機甲　許文聰經理

詠承藥局　莊睿滄
全威交通　莊永全
信欣科技　莊純仁
文樑企業　張炳鑫
厚吉機械　黃舜賢
宇震蘭業　黃韋勳
志帛（股）公司　黃金城
台南市府秘書　蔡純青
吉舜實業　蔡奇翰
福川銘建設　蔡純耀
安立塑膠廠　蔡宗倫
三信銀行　鄭伊俊
魏瑞謀　老師

王憲章
王添增
王再諒
王麗芬
王漢光
王俊傑
方秀卿
方俊雄
朱浩德
朱美香
朱玟甄
沈秉弘
吳純雅
吳志義

吳彥龍 吳永騰 吳仲典 林源興 林明松 林瓊璨 林郁利 林文龍 林秀美 林宗欣 林世昌 林志隆 卓志恒

洪憶情 侯晨一 施勝銘 施承良 李秀麗 李玉雲 陳裕欽 陳毓琳 陳麗雲 陳育正 陳人碩 陳柏芝 陳信志

曹桂鳳 許誌麟 許雅婷 梁家銘 郭綺錚 郭文騰 張雅鈴 張清輝 張慧蘭 張振文 曾品諭 曾文達 黃志文

黃裕苓 黃岳嶙 黃自偉 黃帛安 黃文聰 黃順風 黃湘予 黃雯君 董志偉 楊眉菁 雲惟民 蕭秀如 劉俊鑫

劉淑鈴 賴慧峰 賴志明 謝曜駿 謝志偉 蘇素鈴

（按照姓氏筆劃順序）

目錄
Contents

Vol. 01 我也是一個商品

你是怎麼做你的工作、有沒有發揮你的創意，結果可能截然不同！有時候大環境的改變並不是威脅，而是一種機會，也許剛好是強弱重新洗牌、有機會攻擊競爭者弱點，把自己變成贏家的最佳時機！

Vol. 02 再遠也不怕，永遠都能找到阿貴

客戶的依賴是我的原動力，雖然做這些服務不一定對銷售有用，但是不做一定沒用！

Vol. 03 態度決定你是誰，不是品牌

客戶對業務員最大的抱怨就是：「成交前，態度非常之好，再遠都來；一旦成交後，就算在隔壁，叫都叫不來了！」

自序

十年前，第一次認識出版社總監，感謝她賞識，並且動員專業的採訪團隊為我打造這本書；十年了，蒐集故事的過程相信很不容易，連我都懷疑這本書是否真的能完成？沒想到可以寫出這麼多精彩的回顧！謝謝一直沒有放棄、堅持到底的馮總監和團隊，這本書有很多人的幫忙和協助，讓第一次出書的我感到很幸運。

還要謝謝全省各地支持我、跟我買車的客戶，謝謝你們不辭千里迢迢，換作叫我去台中、高雄買車，打死都不願意，更何況是澎湖和蘭嶼！所以特別感謝你們信賴我、願意給我替你們服務的機會。

更謝謝對我始終（死忠）「不離不棄」、逢人就幫我推薦的貴人們（椿腳）！沒有你們的一路相挺，不會有「南霸天」、「十二連霸」、「全台灣最會賣車的人」這些榮耀，也不會有機會告訴讀者這些故事。

書裡的故事都是真實的，是從我二十年業務生涯中挑選出值得紀念的來寫，但是為了不讓任何客戶感到困擾，因此做了化名和變更職業處理，有些故事甚至不是單一客戶發生的事情，是許多人的總和，因此絕對沒有指涉任何特定的客戶。

而因為橫跨十年寫作，書裡的故事保留了當時的時空背景，有些數據看起來似乎不一樣，例如韓國現代從全球第五大廠躍升到第四大、從年銷五百萬台到八百多萬台，我們服務廠的數量有一百多間、八十幾間……這些不是沒有校正到，是因為故事發生當下就是這個數字，所以不去刻意更新，以免不符合當時情境，特此說明。

特別補充一點：由於精彩故事和想要跟你們分享的工作心得實在太多，寫完時才發現已經高達二十五萬字多，如果全部都收錄會很巨大一本，出版社跟我討論後決定分成兩本，預計明年初上市的第二本還有更多精彩故事的後續發展、和更多的經驗分享，希望你們會喜歡，也謝謝每一位購買的讀者朋友！

作者簡介

林文貴

- 全台灣最會賣車的人，才30歲就拿下全國第一！
- 保持十四年南部第一名，被封為「南霸天」。
- 商業周刊1035期封面人物深度報導。
- 第一屆超級業務員大獎冠軍，榮獲「王者之王」頭銜。
- 韓國現代汽車 台南佳里展示中心 營業經理
- 公司教育訓練講師
- 高醫研究所論文研究主題：阿貴奇蹟，阿貴為什麼成功？

在台灣汽車業、銷售業和業務界，很少有人不知道「旱地阿貴」這個人，他就像一則傳奇，每年都有公司團體或個人慕名去台南，向他請益成功和賺錢之道。

Vol. 01

我也是一個商品

你是怎麼做你的工作、有沒有發揮你的創意，結果可能截然不同！有時候大環境的改變並不是威脅，而是一種機會，也許剛好是強弱重新洗牌、有機會攻擊競爭者弱點，把自己變成贏家的最佳時機！

1 我的第一個樁腳：從被罵三字經開始的人脈

金句

一個人一生中可以影響的人大概有二百五十個，好的有二百五十個，壞的當然也有二百五十個。

我的第一個樁腳，就是二十年前進公司後賣出第一台車的客戶，這個客戶後來也成為我最大的樁腳。

他是一家保養廠的老闆，我那時候剛退伍，買了一台中古車，要換中古胎，朋友介紹我去這家保養廠換輪胎，因此認識了老闆。

換輪胎的時候，我們隨意聊天，他知道我是汽車業務之後，隨口提到想買一台嫁妝車（由女方出錢買的車），於是我就請我師父陳所長帶我去跟老闆談車子。

雖然他是我的客戶，可是因為我才剛進公司不久，還是個菜鳥，也完全沒有賣過車，不太會談，所以請所長陪著我一起去談，這也是我業務生涯中第一次、也是唯一一次由別人帶著我去談車。

後來談得很順利，賣出了我生平第一台車子，但是要辦手續的時候，問題來了，我發現自己什麼都不懂！

領牌前該辦什麼手續？怎麼去辦？要跑哪些單位？先後順序和流程是什麼？我竟然完全沒概念！公司裡其他業務前輩常常是一上班開完會就直接出門了，我根本沒機會問他們，只好硬著頭皮去問助理小姐，一邊問一邊趕緊作筆記，已經夠慌亂了，結果保養廠老闆又臨時說要改車子的顏色，再加上當時我自己在開的雅哥中古車狀況很多，要賣掉，所以當下一堆事情都撞在一起。

好不容易到了要交車的前一天，因為根本不懂流程，所以不知道要事先安排裝好配件、把牌領好，到了下午才發現車子已經放在廠裡十天了，竟然什麼都沒裝！**都什麼時候了，自己還在狀況外**，突然被旁邊的人一提醒，說客戶要求的隔熱紙沒貼、八片裝的ＣＤ音響也沒裝（二十年前配件比較少，大概就是這幾樣），才知道事情很嚴重。

學長趕快幫我打電話去裝配廠交代要裝什麼，但整袋的車籍資料都在我們嘉義新港的交車中心還沒去拿，當天已經很晚了，沒人可以載我過去，就算去了，那邊的人可能早就下班了，只好拜託學長明天開車帶過我去。

隔天一大早，學長開車帶我一起去嘉義新港拿好資料、開好發票，當時怕遲到、耽誤交車的吉時（客戶交車通常都會挑選吉時，那天客戶選的是巳時，就是早上九點～十一點），還特地請很熟悉鄉間小道的拖車司機抄捷徑帶我們走，學長就開車跟著拖車司機鑽小路，去交車中心附近的監理站領牌。

到了現場我才想到忘了問客戶挑不挑號碼？於是又趕緊打電話問客戶想要什麼號碼？在那邊選來選去，又耽誤了一點時間，當時客戶應該也不是太懂，所以沒注意到都什麼時間了我才在領牌，怎麼可能來得及早上九點～十一點交車？

好不容易領完牌，資料要帶回交車中心去上牌、要加油，再出發去客戶家，當時已經十點半多了，等到上了高速公路到新營收費站時，已經十點五十分了，我心裡雖然很急，但是因為當天還下大雨，我不敢開太快。

十點五十幾分時，客戶就打來了，問我在哪裡？我就回說我在高速公路上……

話還沒講完，客戶就開始狂罵三字經，從新營收費站一路用三字經罵到麻豆交流道，我心想他應該是真的氣瘋了，因為一路罵都沒停過。

我只能一直道歉，雖然害怕，但還懂得在心裡自嘲：還真沒見過有人可以罵髒話罵得這麼流暢的。

到了麻豆交流道時，已經十一點五分了，客戶說：「你不用把車開來了！」說完就掛斷電話。

他一直在氣頭上，也不再接我電話，我心想完蛋了！他是我的第一個客戶，怎麼出師不利，第一個case就被我給搞砸了！當下也不知道該怎麼辦，只好乖乖把車子開回公司，跟所長報告這件事情。

所長立刻就叫我去買一串鞭炮（當時交車按照慣例都要別綵球、放鞭炮），然後親自陪我回到保養廠老闆那裡，但是客戶根本不想跟我講話。

客戶是當老闆的，臉長得很嚴肅，不笑的時候其實很恐怖，所長跟客戶稍微安撫兩句：「啊～不要這樣啦，他就不懂嘛，原諒他第一次交車啦～～」之類的話，然後因為還有事情忙就先走了，把我一個人留在他們家客廳，交代我要好好跟客戶把交車手續辦完。

後來客戶爸爸進來了，看到我又開始一頓罵，講說看好的時間怎樣怎樣、都被你搞砸了之類的，鄉下長輩對這些都很重視，所以他爸爸也是氣到一直罵，罵到後來他媽媽也進來了，他媽媽就說了一句：「阿貴，你覺得你該不該罵？」我說：「該罵！」

他媽媽反而沒罵我，他爸爸罵一罵，感覺好像沒那麼氣了，我趕緊趁機說：「這是我的第一個案子，搞成這樣對我已經是很大的懲罰了，我之後一定會更加小心，絕對不敢再隨便，希望老闆能再給我一次機會彌補，這個教訓我會永遠記得！……」

說到後來老闆氣也消的差不多了，他們又重新看了交車時間，下午一點到三點也是吉時，於是我陪他們一起去附近大廟拜拜求平安符、別上綵帶、燒金紙、放鞭炮，在那邊又多待了二個多小時，最後順利完成交車手續，雖然這之間還是持續被他們輪流唸，不過總算順利化解了危機。

跟保養廠老闆的第一次接觸雖然非常不順利，**但是我沒想到跟他長達十幾年的**

緣分卻才正要開始，而這段緣分也給我帶來了一生都很難忘的啟發。

這件事情過了之後，一般業務員可能會覺得很尷尬、能不見面就盡量避免見面，反正車子都已經成交了，再要一個對你印象已經很差的客戶幫你推薦其他人，恐怕是頭殼壞去！於是多半選擇此後不相往來，但是我剛好相反。

我當然也有想過之前給他的印象那麼差，他是不是還歡迎我去拜訪？不過，一來我不是那種賣了車就不見人影的業務，車子銷售出去之後，服務才是真正的開始，**維修、保養或出險時有沒有業務幫忙會差很多**。二來，他是第一個給我機會的人，無論如何我都不能讓他失望，前面已經錯了，後面更要好好補救。

我相信只要我做人誠懇、對人是出自真心的關懷，別人遲早會感受得到的；況且，就是因為已經成交了，再去關心對方才不會讓人覺得你是為了業績而來。

於是，那段時間我就常常跑去找他聊天、看他修車、觀察他是怎麼做生意的。我又很愛問問題、很注意跟車子保修有關的任何事情，在老闆那裡學到非常多東西，如果後來我對車子各方面有比其他業務更專精的認識，都是在那個時候紮下的基礎。

當時我還是個菜鳥、沒什麼客戶，因此有大把的時間可以耗在他那裡，也和他漸漸成為很不錯的朋友。

我這個人是從來不交際應酬的，平常就是公司和家裡，不然就是去找朋友聊天，我跟保養廠的老闆因為很聊得來，常常有空就會約去PUB見識一下、或者是去按摩按摩，通常就只有我們兩個人，但我們從不亂搞，玩的東西都很光明正大。

他也常帶我去認識台南其他的保養廠，我也因此認識了更多的人，從他們身上學到很多這個行業的知識，非常快樂！不過那時候玩樂性質大於賣車，我並沒有很積極的跟他們談車，反而是像朋友一樣往來。

即使是這樣，老闆對我很照顧，邊玩還可以邊幫我賣車，有幾次我去按摩按到睡著，等我睡醒時保養廠老闆已經幫我訂了一台車，是按摩小姐要買的，我在睡覺時他都已經跟對方在談細節了，讓我非常驚訝。

從老闆的身上，我第一次真正領悟到了我最崇拜的喬・吉拉德所說的「二五〇定律」的驚人力量：**一個人一生中可以影響的人大概有二百五十個，好的有二百五十個，壞的當然也有二百五十個。**

因為他是保養廠的老闆，人脈很廣，比我更知道哪個客戶會有買車、換車的需求，我認識的人不夠多，絕對沒有他清楚，所以如果他願意幫我推薦，**那些客戶聽他講一句比我講一百句話還有用！**

到後來我跟他的交情變得越來越好，他也很努力的幫我介紹了許多客戶，可以說，我的業務生涯就是從他這間保養廠開始賣起來的！

保養廠是一個橋樑、一個跳板，大部分時候老闆都是報給我客源，其他的我要自己去談，頂多偶爾幫我搭腔，但即使是這樣，客戶們都很相信他的建議，他說好就是好，所以成交很快。

就這樣，我開始在那裡打通人脈，一開始先從一、二個客戶做起，那些客戶只要人脈夠好，而他們的朋友又想要買車，那後面的業績就開始一直進來了！

打開那個人脈通路，要天時地利人和，再加上我的服務口碑要出來，這樣客戶才會像葡萄串一樣，一個牽一個。現在講起來似乎很輕鬆，但客戶的經營完全是沒有僥倖的，就算客戶對我的服務很喜歡，但品牌不夠強還是一樣不會選我，剛開始賣現代汽車時就是這樣。

賣喜美的時候還好，它算是還不差的品牌，加上有人推薦，不會太難賣。所以在賣喜美車的時候，我只要把服務做好，初期平均十個客戶裡面至少有二、三個會幫我介紹，我的前輩也跟我說過，一般來說十個客戶有一個願意幫你介紹就很厲害了，**所以我當時算是走路都有風。**

後來代理權轉換、公司開始改賣現代汽車，因為品牌太弱勢、客戶接受度低、又很容易反悔，平均接觸二百個人才會成交一個，而且沒有半個人願意幫我介紹，於是走路有風的日子結束，一切又得從零開始。

2 一切又歸零，從谷底開始！

金句

我很多史無前例的創意，其實都是在那個最艱困的時期，挖空心思想出來的。

商業周刊雜誌在我當封面的那一期報導中，這麼形容我第一年開始賣現代汽車的處境：

攤開阿貴的資料，他手中連一張好牌都沒有，阿貴手中的牌到底有多爛？

第一張爛牌——品牌倒數第二名。

第二張爛牌——國產車銷售倒數第一。

第三張爛牌——公司財務狀況不佳。

第四張爛牌——銷售據點在窮鄉僻壤。

我們造訪此地兩個整天，連一位客人都沒上門……

剛開始還真的是很慘。二〇〇一年公司結束代理喜美，決定開始改賣韓國現代汽車時，頭二年，我真的是一個客戶都沒有！連喜美的老客戶都不見了。

很多人都說從喜美轉賣現代汽車是從零開始，但我說這中間的落差之大，不是從零開始，**而是從谷底開始！**開始賣現代汽車的時候，常常遇到發名片給別人時**被當面丟掉**，當時現代汽車風評不好（以前的代理商沒有做得很好），大家又討厭韓國車，所以看到賣現代汽車的業務員就很嫌棄。

品牌不強、公司又沒有好的產品給我們做後盾，那時候我們現代車只有一、二款還能賣，其中賣得最好的一款的是一千c.c.的小車，客戶會買是因為它便宜，跟其他同級車相比價差約十萬，但還是不太好賣。所以即使它已經是我們最熱銷的車種了，說出來還是沒什麼人知道，更別說是其他車種了。

像我們還曾出過一款叫做COUPE的跑車，光看外型還以為是法拉利，在十幾年前一台就要快一百萬，外型真的是很漂亮、配備也很不錯，但以韓國車來說算是超高價位的車種，因此也一直乏人問津。

另一台SANTA FE就要一百一十七萬多，在當時也是貴得嚇人，自然沒有什麼銷路。還有一款ＸＧ房車，人家光看到它車頭的Mark會還以為是勞斯萊斯，也是超漂亮、超豪華，我個人是很喜歡，都跟人家說它是低調的奢華，但因為走中高階房車路線，也是大失敗，根本沒什麼人買，我從開始賣到後來停賣的三年間，也只賣掉二台而已！

現代車品牌弱，車子選人買就算了，而且價格跟同級車相比其實也沒有比較便宜，雖然性能、油耗和配備都很不錯，完全不輸其他品牌的高階車種，但是光價格就會把客戶嚇跑，感覺那時候真的有點雪上加霜。

那段日子幾乎沒有陌生客上門，之前喜美時期二百多個老客戶也全都不見了，沒有半個老客戶要介紹新客戶給我，整家店只剩下我跟我師父兩個業務在苦撐，上門的人不是好奇來瞧瞧，就是來借廁所的。

其他業務能跳槽的都跳槽了，新人的流動率也非常高，經常還沒上手就離職了，很少有人能撐得過三個月的，所以有將近長達一年的時間都只有我跟師父交換輪班，等不到人來接替我們。

人力不足加上氣氛低迷，在最慘的那時候，我感覺所有一切努力又得重新開始。那兩年，我們整個營業所一個月最多只有四組來店客，還有更多人以為我們不賣喜美車是因為倒閉了，連電話都沒半通。

也因為沒在賣喜美，老客戶就到喜美服務廠去保養，所以連保養廠的客戶也流失了，大約減少了三分之二以上的客戶！之前我常去保養廠跟客戶互動的，也賣過不少車子給想換車的老客戶，這下子連保養廠的客源也幾乎沒有了，那時候一個月最多只能賣出二、三台車，收入大約兩萬多，獎金很少。

人在困境中除了放棄之外，還能做什麼？我希望能「走出困境、突圍求生」！

沒客戶、沒資源、沒訂單、沒人力的那兩年，唯一有的就是大把大把的時間，時間變得很多，多到我很有空閒去思考一些問題、去找答案。

因為沒有客戶要進來看車，所以我就自己想辦法跨出去。我花很多時間在思考該怎麼跨出去、該怎麼做才能找到客源、該怎麼推銷我們的車子讓更多人知道？

十幾年前，我就去刻了有我頭像和連絡電話、地址、公司名稱的印章、在公司的ＤＭ上一張張蓋章、替自己造勢，希望這些特別的小細節能吸引別人注意，然後每天都去街頭發傳單、掃街（很像候選人在拜票）、到處去塞信箱、夾報、去餐廳店家放ＤＭ……。

光這樣還不夠，那時候我們營業所隔壁沒多遠有一家大潤發，我去拜託他們經理讓我可以把車子開進去展示，**這在當時是一項創舉**，以前根本沒有人這樣做過，可能連想都沒想過吧？

大潤發的經理有點驚訝於我這個提議，因為這是從未聽過的，**把一台那麼大的汽車開來展示？那會是什麼情形？**

我看得出來他很為難，可能怕會影響到客人，於是我跟他提議只在傍晚六點到八點人潮比較少的時候把車子開過去，他終於同意讓我試試看。

做了上面說的這麼多努力，結果是：**一台車都沒賣掉！**業績還是掛零，對銷售一點幫助都沒有。

我在大潤發擺了好幾個月，每週二天、開去又開回來；我也掃街發DM發了好幾個月……但是跨出去的結果只是增加我們營業所和產品的曝光而已，並沒有為我們帶來半個客戶。

有些人雖然開始知道這裡有在賣韓國現代車，但是仍舊不進來看。忙了好幾個月，卻是對銷售一點幫助也沒有，唯一的好處是，對提升我們營業所的知名度小有幫助，因為停賣喜美車之後，大家以為南陽沒在賣車了，但是經過這樣一宣傳，大家才知道原來南陽開始改賣現代車。

雖然幫助不大，但是這樣已經有了一點效果，可能有些客戶還是搞不太清楚，一進來就說要看CR-V（喜美的車），十個裡面有八個一聽到這裡改賣現代車，直接掉頭走人，只有一、二個會留下來，這時候就看業務能不能留住客戶了。

第一印象很重要，如果第一印象不好，後面的動作很難進行下去，甚至不太可能會有第二印象、第三印象的機會了，所以我很努力加強在跟客戶第一次接觸後，留給客戶親切又專業的好印象。

一開始跟客戶面對面商談的時候，一定會比較尷尬、生疏，後來我不斷練習，進步到可以跟他們像朋友一樣相處。我的親切、誠懇和專業，都讓客戶可以深刻的感受到，只要能讓客戶留下來，我就有機會成交，我也因為這樣賣過好幾台車。

我很多史無前例的創意，其實都是在那個最艱困的時期，不斷挖空心思想出來的。像是跟客戶談過後馬上寫感謝函、客戶的生日、三大節慶、耶誕節時寄卡片、寄發電子DM、傳簡訊、派報、夾DM、塞信箱、應對話術……等等，只要能多開發客源，我什麼都願意做！

這些都不是公司要求我做的，而是自發性的，因為我覺得再不做些什麼事情好像也沒救了，所以就拼命想多做一些事情，看看有沒有什麼幫助或改變？因為被環境逼到沒路走而抓破腦袋想出許多辦法，慢慢的，事情才有了轉機。

從有了第一個現代車客戶開始，我重新管理客戶名單、培養自己的樁腳，用新的方式和心態來經營客戶，對客戶的關心也比以前多更多、研發出獨特的**「購車計畫書」**以及無人能比的**「交車流程」**，就是希望能讓客戶感受到更不同於以往的服務。

就這樣，靠著利用售後服務的機會慢慢去累積、創造自己的口碑、做出口碑之後，再繼續培養更多的客戶，累積客源完全無法只靠過去喜美的基礎，靠的是我扎實的服務品質，才能把新客戶變成忠誠的現代車主，並且願意介紹更多客戶給我！把喬・吉拉德的「二五〇定律」盡量發揮到極致。

說起來容易，但是累積自己的客戶是一條需要漫長深耕的路，絕對沒有僥倖！而且即使經過十多年之後的現在，很多客戶還是對韓國車有品牌情結、還是很容易反悔，並沒有改善很多。

現在回想起來，雖然當時歷經了一段不管做什麼都沒用的時期，對我來說是很大的挫折，但是我很慶幸自己始終沒有懷疑該不該繼續待堅持下去？更沒有懷疑過這一切的努力是否值得？我只是不斷在困境中思索出路、和檢討改進自己的缺點，每當得到一位新客戶時，我心存最大的感激！這個感激的力量，讓我的服務只有越來越好，而不是自滿。

那二年我天天準時下班（因為沒客源），雖然賺不到什麼錢，但是跟家人相處的時間變多了，可以常常和家人出遊，心情很快樂。當時只有我和師父兩人輪值，如果去二天一夜，另一個人就要連值兩天班，所以我們出去玩都是當天來回。

雖然工作上讓我感到挫折，但不是因為沒有業績，而是那種不管做什麼努力都無法獲得改善、客源都不會增加的感覺很可怕，還好我的心情始終保持樂觀、懂得苦中作樂，因此一直都很快樂。

保持快樂是很重要的！我常說絕對不會讓低潮的情緒持續超過**半小時**，因為不快樂的情緒只會害你陷入更深的低潮、蒙蔽你的理智和判斷，讓你自限腳步，對業務員是很大致命傷。因此，在低潮中找到讓自己快樂的來源，是很重要的，這樣你才有力量從逆境中重新奮起！

3 程咬金親友團

金句

要懂得讚賞跟你唱反調的人，他遲早會變成站在你這邊。

當初選擇繼續留在南陽時，大家都對「韓國現代」這個品牌非常不看好，能走的人都走了，其他人都在看笑話，覺得我這個人很笨，才會想要去賣一個銷量倒數第一的車子。

那時候我跟大家說：「我寧願留在小池塘裡當王！沒人想賣的車，才不會有人跟我競爭。」後來事實證明，留在小池塘裡當王這個決定是對的，我也是這樣開始慢慢累積了當一個業務員的自信、歷練了很多在知名大廠無法學習到的事情、學會了很多危機處理的應變能力。

相對於那些大品牌的業務員來說，他們可能完全無法體會**所謂的「品牌情結」有多嚴重、有多容易打擊業務員的士氣！**但是往往也是這些歷練讓業務員成長進步最快。

有一次，客戶介紹一個朋友來跟我買車，這位朋友姓蔣，他和太太一個是地政士、一個是會計師，都是自己開事務所，是很優秀的專業人士。介紹我們認識的客戶是跟我買1.8的，蔣先生也很想參考，於是我就開過去讓他試乘，我們一路開去他太太那裡，他越開越喜歡，於是當下就約我一起去跟他太太做介紹。

蔣太太是一位非常精明幹練的會計師，一見面，我立刻遞上名片跟她自我介紹。她看了看我的名片，問說：「這是哪一家廠牌啊？」她因為看不懂是什麼品牌，當場就把名片還給我，氣氛立刻變得很尷尬。

我只好跟她說：「沒關係啦，名片是公司印的不用錢，請您收下不用客氣。」但是遞出去第二次還是被她推回來，我就不再堅持了，接著跟她介紹說：「我們是韓國現代汽車……」

哪知她一聽到是韓國品牌，不等我說完，立刻說：「這種車我不買。」

這下子真是尷尬到了極點，但我還是很有禮貌的慢慢跟她說明我們的品牌跟過去有什麼進步與不同，不過我看得出來蔣太太並不是很想聽我的說明。我知道無法一下子就改變蔣太太的觀念，而為了不讓第一次接觸就把蔣太太給嚇到了，只好先告辭離開。

之後，我還是硬著頭皮想辦法去拜訪她，針對她有疑慮的地方一一回答：外殼鋼板不夠厚？我提供耐撞測試的數據給她看；引擎不夠好？我們跟賓士車是採用相同的設計的引擎；維修據點少？我拿出全省八十幾家維修點的卡片送給她。我敢保證，從外觀、顏色、性能、配備到內裝，**我們並沒有比大廠差，服務卻還更好。**

我盡量忽略蔣太太的品牌情結對我的打擊，還是很有耐性的跟她一一說明，聊了幾次之後，我才終於讓蔣太太的觀念慢慢有了一點改變，但因為品牌實在是太弱勢了，要一個已有多年成見的客戶跟我見幾次面後就改觀買我們的車，實在是天方夜譚！

不知道聊了多少次之後，有一天我再度拜訪去蔣太太，剛好遇上蔣太太的一些親戚朋友來訪。本來遇到這種狀況我是寧願改天再來的，因為最怕就是萬一不了解的人一多、又七嘴八舌攻擊我們的品牌，那蔣太太對我們好不容易才建立起來的信心，可能又要開始動搖了。

我正想說改天再來拜訪時，沒想到晚了一步，他們的親友剛好也到了，我們在門口直接碰上，既然如此，不進去的話好像也說不過去，我只好硬著頭皮，忐忑不安地一起走進去，心裡已經做好準備又要被輪番「砲轟」了。

想當然爾，蔣太太的親友團一聽到她要參考韓國車時，自然是噓聲不斷，我也只能一直陪著笑容、見招拆招。她的其中一位親戚，說話更是直接、不留餘地，一直從中作梗，不管我講什麼他都可以吐槽。

我臨機應變，改變方式，決定先對他釋出善意，他在講話的時候我就不斷讚賞他很懂車、很專業、很有品味……等等，接著從他的話再引導回到我們的產品上，把他覺得好的部分跟我們的產品優勢劃上等號。

當我們聊到保養的話題時，這位親戚講了一些保養的概念，我順口誇他對車子還真是內行，當然我說的是真心話。

我突然發現，他被我這麼一誇，愣了一下，感覺好像非常高興。而既然我對他的誇獎得到他認同，**他就沒有理由再反對我的說法了**。之後，好幾次我在介紹其他細節時，都會刻意停下來問這位親戚：「像您這麼內行，我講的對嗎？……」

後來就變成他越來越認同我們的產品，而他也從原本程咬金的角色，變成處處幫我說話了！當然，最後我也順利的拿到了這筆訂單。

後來才知道，這位親戚原來就是蔣太太的姊夫，而他對蔣太太是很有影響力的關鍵人物，因為他最懂車子，所以蔣太太很看重他的意見，當天就是因為也想聽聽她姊夫的看法，才刻意把我也一起約去的，並非正巧碰上他們。

因為品牌不強，客戶很容易變卦，所以我常常必須要應付一大群人（包括程咬金親友團），我一個人得面對一堆人七嘴八舌的意見，還得保持眼觀四面、耳聽八方，隨時注意客戶和旁邊的人的互動狀況，**因為他們很可能就是那個會直接影響客戶做決定的人**，一點也大意不得！而這種歷練，相信大品牌業務員是很難想像的。

4 為了不被趕出去，先成為客戶的客戶

金句

我比一般人更不懂得說漂亮的場面話、公關話，還好那些都不是客戶真正想聽的。

我們南陽實業剛開始接手韓國現代車的時候，可以選擇的車款不多、知名度又不高，車子很難賣。

那時候有一款小車Atos 1.0，因為它的價格低，才三十七．九萬，當時一台march也要四十五萬，加上整個汽車市場只有我們有在賣1.0的，所以即使這部車跑起來很沒力，有時候還跑輸摩托車，賣得也沒多好，但是它卻已經是我們公司所有車款中詢問度最高的了，所以你就知道我們當年在賣車有多辛苦！

為了要抓住每個客戶，我每天都在努力想辦法、想招數，**常常是有招想到沒**

招，有時候連一些很不可思議的怪招都會跑出來。

我記得那時候有個客戶是在麻豆開西藥房的，雖然他也是因為我們這款小車的價格很低，所以稍微有在考慮，但是久久都無法決定，不管我去了多少趟，他還是一樣卡在那些差不多的老問題上：什麼故障率高啦、零件不容易取得啦、中古車行情不好啦、維修保養不方便啦、家人朋友通通都反對啦……等等。

這些對現代汽車普遍存在的刻板印象，不用等他開口我心裡也一清二楚。當然，我還是得第一百遍的、不厭其煩的回答他、解說給他聽，跟他再三掛保證之後，好不容易終於有了一點點進展，但這次又換成這個客戶不滿意價格了！

但是這部1.0的小車真的已經夠便宜了，價錢都快到底了，哪還能有什麼空間便宜他呢？

我前後跑了很多趟，每次去跟這位西藥房的老闆談，他都很堅持價格一定要再更優惠才行！我跟他說：「這個價格真的已經沒在賺錢了，純粹是做業績而已（當然客戶是絕對不會相信的）。」我打算頂多再加送個小配件給他，讓他感受好一點就要來成交了，總不能因為他一直殺價我就得虧錢賣吧？

但是到最後還是一直僵持不下，而且這個客戶已經開始有點不耐煩了，如果再談不出結論，我也不好意思一直耗在人家那裡賴著不走，畢竟人家是做生意的店面，不好一直妨礙人家……

就在這個時候，我突然靈光一閃！不是說，生意人再怎麼樣也不會把客人趕出去嗎？那我怎麼不先跟他買東西、成為他的客戶呢？

因為仗著他絕不可能把客戶趕出門，所以我一定要先跟他捧場，問題是西藥房要怎麼捧場？總不能隨便買一些藥當人情吧？我靈機一動，想到跑業務的人可能常常這裡痠、那裡痛的，買一罐肌樂看起來最自然。

於是我跟他說：「頭ㄟ，我要跟你買一罐肌樂。這跟賣車沒有關係喔，我是真的要噴肌樂。」做生意的人，你先跟他捧場、成為他的客戶，他對待你的態度絕對會很不一樣，能不能成為你的客戶還不知道，**至少不會把你趕出去**。

果真，我這一招讓他有點尷尬起來了。我既然已經是他的客人了，他在講話上和態度上開始跟對待陌生的業務員完全不一樣，他一想到我買了他的產品、已經有了一層主顧關係，如果還在買車上跟我殺來殺去的，然後一轉身又賣東西給我……

這樣感覺真的很拍謝。

但是，我只是想把關係拉近，而不是造成尷尬、搞砸關係，否則很有可能會弄巧成拙，結果太尷尬而乾脆跑去跟別人買，這樣可就糟了！於是我馬上幫他化解尷尬，再次強調：「這跟買車沒有關係喔，我真的是有需要，如果我沒有在這邊買，也會去別的地方買。」這句話有了一點效果，他沒那麼不自在了。

我買了肌樂，他變成很不好意思的問我說：「真的不能再優惠一點嗎？」而不再是先前那種「不降價就沒得談」的堅硬立場。

我就是在等他這句話，立刻跟他說：「這種小車一台只要三十七．九萬，公司的立場是有賣也好、沒賣也罷、加減賣一下，只是用來衝市場佔有率的。」

接著繼續說服他：「為什麼這麼低價位、沒什麼利潤的車子我們也要賣？因為有很多客戶一開始買車喜歡先從小車買起，之後再換大車。而如果我們沒有提供這種車款，等於是少了一次機會讓別人認識我們的車子，也就少了後面他要換車的機會，也少了他可能會幫我們介紹的機會。而如果有人是因為這部小車而開始喜歡上我們現代的車子，那這樣就達到目的了！」

我說：「車子本身就要成本、還要給我們業務員獎金，公司也要賺錢、還要繳納稅金給政府、人事開銷、店面成本……，算一算真的是沒剩多少利潤。主要是這台車的稅金、保養和油錢都很便宜，真的沒有比這台車更適合給你女兒開的了。」

結果，最後是連一塊錢都沒有再降下來就成交了！只因為我買了一罐肌樂，就此打破僵局，但是最後能成交的重點，當然還是要搭配有效的話術。

我不是一個很能言善道的人，商業周刊也曾經形容我說的成語十句有九句錯。我可能比一般人更不懂得說漂亮的場面話、公關話，**還好那些都不是客戶真正想聽的**，他們只希望遇到的業務員很誠信、不欺騙、不要一直用花言巧語去拐他！

所以我很堅持所講出來的每一句話，自己要能夠聽得下去，如果講出來的話唬爛到連自己都聽不下去，那就不要講出來，這是對客戶最基本的尊重。

說到那罐肌樂，到後來我當然是沒有噴幾次就放到過期丟掉了。除了肌樂，我還曾經買過多支墨鏡，也是這樣來的。那個客戶在開眼鏡行，我跟他談車時，也是幾度談到僵持不下，我就複製前面買肌樂成功的經驗，跟他說：「老闆，這跟做生意沒有關係（其實是有關係的），我想問你在室內要戴什麼樣的墨鏡？你能不能幫我推薦一下？因為我經常出國，有時候在室內戴個大墨鏡很奇怪，又不是賭神！能不能幫我推薦一支在室內也可以戴的墨鏡？」

結果那一次我花了二千多元，就當是做生意的一種投資，而且買了剛好也能用得上，我一點也不覺得自己虧了。

曾經有個女生是在做美容直銷業的，她是透過客戶介紹而認識的，但是一開始我跟她介紹車子都不得其門而入，我覺得她應該不是只看一種品牌的車，而是在比較車種，換言之，我是跟很多人在競爭。

而我們公司的優勢就只有「人」，當年品牌形象比不過別家，所以就算我一直跟客戶談到他們態度軟化，但之後仍然很難下定決心，因為客戶只要跟親友說要買我們的車，絕對會被潑冷水，不可能有親友會鼓勵客戶來買我們的車。

我當時也是談到她軟化到想要買車了，但還沒收到訂金、貸款也還沒辦，她又因為公司同事從中作梗而反悔，隔天重新再談，談到後來有一次我再去找她的時候，她正在幫別人做護膚療程。

他們公司的據點很多，每星期三固定會有護膚療程，由專業的老師幫客戶診斷皮膚狀況，再開始一個多小時的療程。我眼看一直無法打破僵局，在旁邊等她也是等，於是就去讓老師幫我做臉、拔粉刺。說真的，感覺很舒服，不像其他地方拔粉刺會覺得很痛，做完臉之後我又花一萬多元買了他們的產品。這完全不是為了賣車的交換條件，我是真的覺得東西用起來舒服，想買回去用。

但也因為我先變成她的客戶，後來當然她也變成我的客戶、當場跟我訂車了！過程中我完全沒有勉強她，事實上如果她真的很不喜歡我們的車子，也勉強不來，我只是讓自己先成為她的客戶，打破客戶和業務員之間微妙的緊張和對立感，再加上她很欣賞我的誠懇和專業，才順利促成這筆訂單。

我也曾經在豬肉攤買過香腸、在商店買過嬰兒用品、奶粉、跟直銷商買過營養品……但是千萬不要去做超過自己的能力範圍的事，也不要超過投資報酬率，就像不要因為客戶開金店就硬是去跟他買黃金！那個就真的太貴了，到那時候你就得另想其他招數。

人家說見面三分情、買賣更是！沒有人會主動教你這些人情學分，你只能從經驗中、工作上、接觸的客戶中慢慢的累積、學習，不斷的在困難和挫敗中，學會做人的眉角。

人情義理這門課，我一直都很努力的琢磨著，琢磨客戶的感受、琢磨我們自己的言行舉止，如果能做到彼此都受益、互惠，才是通人情的好買賣。

5 如果你生氣，代表那個問題大過你的能耐

金句

我們在事情越急的時候，越要注意自己的態度，事情可以急，態度不能急！

剛入行時，我就跟許多叛逆的年輕人一樣，脾氣很不好、很衝，講話幾乎都不會看場合的，而且一生起氣來就什麼都不管了！

雖然後來業績不錯，也當上了小主管（副主任），看得人也多了，師父也教導我很多做人處事的道理，但因為年輕氣盛，還是很倔強、任性。

那時候我的個性就是得理不饒人，我還曾經對做錯事的一位女同事一直碎碎唸，唸到她受不了我的疲勞轟炸憤而離職！當時同事都很怕我，說我太高標、難相處，但是有一位營業部長公開挺我，說阿貴不是高標，是標準，是其他同事都太低

標了！因為他這麼說，我更加認為自己並沒有錯，得理不饒人是因為別人沒有把事情做好。

早期我們裝配件部門會有公務員的心態，因為他們上班就是領那麼多錢，配件沒裝好也不會影響他們的收入，因此有時候會比較馬虎，我很受不了他們一而再、再而三地做不好，我的觀念是每個人在自己的崗位上各司其職，我負責把車賣好、把客戶服務好，而他們負責把裝配工作做好，這是基本的敬業精神，所以只要他們稍微有一點做不好，我的態度就會很差，當場發飆要求馬上處理，但是我覺得自己不是脾氣不好，只是求好心切，因此沒有意識到那些舉動或言語對同事是一種傷害，時常得罪同事而不自知。

有一次我急著要去交車，當時那個年代交車不像現在這麼方便，可以約客戶來店裡或是約在一個中間點，那時候規定領車、交車都一定要去總公司（在安平工業區），除非是萬不得已，不然業務都要把客戶約去總公司，為的是避免業務開客戶的車去交車時發生碰撞、產生糾紛。

當時我從分公司過去大約就要快一個小時的路程，一趟來回就要兩個鐘頭，由於客戶有看好吉時交車，而且他因為很忙不想跑那麼遠，加上總公司也快打烊了，所以我只好帶著新車大牌，麻煩我們經理載我過去總公司，打算冒險把車開回來。

到了那邊，我請交車班的一位組長幫忙掛車牌，我說：「組長，拜託一下，幫我們鎖一下大牌，我們要趕著去交車，還要趕回來。」並且催促他盡快一點，當時那個組長可能剛好也在忙，被我這麼催著，忍不住說：「催什麼催？等一下就幫你弄。」

我因為很急著要馬上離開，就說：「不然把工具給我，我自己來鎖！」當下口氣可能有點衝，深怕他會耽誤我去交車。

那個組長是我們裡面待最久的，大概待了二十多年，是很資深的一個老業務，他不太高興的回了一句：「你是沒看到別人在忙嗎？你家裡有事？你爸爸死了？不然怎麼這麼趕！」

我一聽，整個人就飆起來了！火大到一個不行，當場跟他吵了起來。我當時脾氣很拗，一賭氣，就決定跟他槓到底，也不管什麼交車了，堅持一定要他們主管出來處理。當下氣氛很差，不管誰來勸都一樣，我就跟組長僵在那裡。

當時公司裡還有很多幹部都在，連董事長和總經理都是在總公司上班，只是當天他們兩位剛好不在，我就很執意要把事情鬧大，最好是鬧到總經理那邊，讓上頭還我一個公道。

我說：「你在忙，我自己來鎖不行嗎？為什麼要講那種話？有必要嗎？你可能昨天晚上跟老婆吵架所以不爽，或是你早上出了什麼包，心情不好，可是你不能把情緒帶到工作上！你這樣不會太過分嗎？……」

我實在是太生氣了，劈哩啪啦的講了一堆，也不管別人在看、也不管他一個組長當眾被我羞辱會怎麼樣，更不想替他留什麼面子，我只覺得自己滿腔怒火，不能原諒他竟然說出這麼過分的話。

後來大概僵持了一、二十分鐘，有很多人出來打圓場，經理也居中調停，但我還是不肯善罷甘休，最後那個組長終於跟我道歉、說了對不起，我才心不甘情不願的離開，整個行程被耽誤了三十分鐘才出發，還好沒有因此延誤客戶看好的時辰。

但是，那件事情並沒有結束，過沒幾天我開始陸陸續續聽到他在背後說很多小話，類似在說：「阿貴又不能把我怎麼樣！我靠穩（台語）有後台撐腰，沒再怕的……」那一類倚老賣老的話。

我一聽，更是火大！雖然那時候我是分公司的副主任，他只不過是組長，但是因為他待得比我久，人脈和年資都很深，我認定就是因為他的後台關係比我好，很多業務都是他的朋友，所以才會看不爽我年紀輕輕就當上副主任，然後找機會修理我，因此很堅持一定要報告總經理這件事，希望公司能幫我處理。

我覺得那個老組長也太仗勢欺人了，明明是自己有錯在先，卻還在背後說那些有的沒的，完全沒有反省自己，我對他那種態度和行為特別不能容忍，覺得如果公司沒有好好處理，以後他不就變本加厲更囂張了嗎？那幾天搞得我心情很糟，一心只想他能得到一些教訓、還我一個公道。

這時候，我一個朋友知道了這件事，他問我：「你這麼做究竟想要什麼結果？」我說我無非只是爭那一口氣，他說：「人家可能只是一時口快、講話比較粗一點，他也道歉了，但你為了爭這一口氣，可能讓組長待不下去、丟了工作，甚至領不到退休金，因此無法養家活口，這是你要的結果嗎？」

我聽了很驚訝，那個朋友平常是不太會跟人家講大道理的人，想不到他也會跟我聊這麼多，還說出這麼有深度的話，讓我當下很感動，也開始很認真的反省自己是不是做得太過分了？

冷靜下來之後，我有了很深刻的體會，我根本不想害他丟了工作、更不想害了他們一家人！人家都已經快退休了，在公司都待二十多年了，難道我想讓他連退休金、薪水、獎金這些都泡湯嗎？當然不是！我不過是想討個公道而已，並不想害了他。

那天晚上，我想了很多，我跟那個組長並沒有任何深仇大恨，他也不是那麼惡劣的人，我有必要這麼得理不饒人嗎？我可以讓一切都算了，讓大家都好過，何必一定要把事情搞得那麼僵呢？鬧到總經理那裏去懲治他的態度，**真的有那麼重要嗎？**

歷經這次的事情之後，我也領悟到一個道理：我們在事情越急的時候，就越要注意自己的態度，事情可以急，態度不能急！

態度一急，往往就容易失去理智和判斷，也很容易搞砸事情、搞壞關係，讓事情變得更複雜、更難處理，日後要修補就得花更大的時間和力氣，要付出的代價可能更大。

憤怒，是要付出代價的！我們第一步要做到的就是避免憤怒，以及了解憤怒所要付的代價有多高！所以一定要學習如何管理和控制自己的憤怒，這些都會影響到我們的每一個決定和每一件事情的發展。

如果我當時可以再等一下、不要一直催，然後說話可以再婉轉客氣一點，很多事情都不會發生、也不會變得那麼難處理了。

當年的我，可是讓整個交車班跟裝配件廠區都很害怕的一號人物！沒有一個人不怕我的，因為我要求高、脾氣又衝，有人稍微做不好就會飆起來。雖然因為我業績好，大家表面上都還是會跟我配合，可是這樣並不會給我帶來任何好處，因為他們不是發自真心的在幫你、替你工作、準備東西，他很可能是因為怕被你兇、被你罵，**甚至是怕被你恐嚇要去報告上級**，所以才屈服於你的氣焰之下。

這種不甘願的配合，只能一時，無法堅固而長久，當你真的有困難需要他們額外花費心力來幫忙的時候，**得到的可能不是援手，而是拒絕**，就算不得已要幫你，也是「公事公辦」，不會挽起袖子來跟你一起解決問題。

「得人心者得天下」，後來我對任何事情都會好好和同事溝通，不是做不好就怪罪，而是改用拜託的方式，讓大家都可以跟我相處得很好，久而久之，同事也發現我的個性和態度都改變了，我的人緣也漸漸變好，這樣的轉變和訓練對於面對各式各樣的客戶時，有很大的助益。

像我們品牌比較弱勢，我出去拜訪客戶常常會碰到那種我遞名片給他，他因為看不懂是什麼品牌，又把名片還給我、甚至是隨手丟掉的尷尬情況，我也懂得沉著應對，還會自嘲說：「沒關係啦，名片是公司印的不用錢，不用客氣，您就拿去吧。」通常客戶都會笑出來，被我的自嘲軟化了態度。

有一次我遇到一個客人，我們同事都很怕他，每次來都沒人敢為他服務，但他不是無理取鬧，只是每次口氣都很不好，有點咄咄逼人的感覺，我知道他是當老闆當慣了，講話就是這樣，所以沒把他的話放進心裡。

後來變成都是我在服務他，他也指定要找我，因為別人都無法忍受，但是他對我也是講話很不客氣，比如說車子有問題，他打來劈頭就說：「阿是要怎樣啦！又這樣了啦！看你要怎麼做啦！」或是到了我們保養廠門口，打電話給我就說：「阿貴你給我下來、你給我過來看！……」大概就是這種口吻，就算是我幫他處理好很多事情，他還是這樣對我說話。但我知道他心裡其實是欣賞我的，因為他無論如何都要找我，也很信任我，可是他永遠都是一副很不滿意我們服務的樣子，從來沒有說過半句感謝的話。

後來有一次他來這邊出險修車，他來的時候有交代修完車要順便做保養，然後我就交代給我們廠裡的師傅，說那台車要留在這邊三天，修完要保養，順便跟客人報價一下，我當時很忙，接著就出門了，結果我們組長忘了這件事，也沒有交代下去。

三天後要交車了，前一天我要下班時還再次跟他們提醒，但是師傅根本忘了這件事，連車子都還沒修，隔天廠裡的人才跟我說，我立刻打去跟他道歉，並且問說是不是可以下次來的時候再做保養？但他不同意，他覺得那是師傅的問題，他的車還是要洗車和美容，但當天是禮拜六，客人很多、非常忙，他們還要把保險桿組裝上去，如果再加上洗車和美容，他又要求下午四點前要完成，那根本是不太可能的！

因為那要三個部門一起來處理，但這三個部門的時間都沒辦法配合，所以他就非常生氣，又開始在電話裡罵罵罵，我彷彿了解當年我的得理不饒人有多麼令人懼怕和厭惡了，我想了想跟他說：「你幹嘛那麼抓狂？師傅忘記了是他不對，但我會盡量幫你處理到好，生氣罵人對你自己不好，你要學學證嚴法師說的，**你常常在生氣，就是在用別人的過錯懲罰你自己！**」

我不好意思跟他說，其實我們認識他五年了，這五年來大家都很怕他，但我不會逃避，因為他是客戶，再怎樣我都會幫他把事情處理到好。而我說完那句話之後，他來的時候態度就明顯不一樣了。

我想起之前聽過的一句話：「如果你會發怒，代表那個問題大過你的能耐，所以你才會被它打敗。」所以之後再遇到任何不順利和困難，我都在心裡勉勵自己，我一定可以好好處理，因為我的能耐絕不會只有這樣而已。

6 金湯匙的故事

金句

客戶不是只會挑品牌，他們更挑好的業務！

在我很年輕、還是喜美汽車業務員的時候，有一次在公司值班時，來了幾位回廠保養的客戶，他們進到營業所休息順便等車子保養。我照例端上飲料、上前寒暄幾句，其中有兩位長者帶著一位看起來應該是他們小孫子的人一起坐下，我又去拿了一些餅乾給小孫子吃。

也許是因為他們每次來都沒有遇過像我這樣的業務、也許是時下很多年輕人都不會主動對人關心了，他們看起來應該是被我這個小小的舉動給感動到了，當下他們頓時對我親切了起來。

由於我平時就很善於觀察，也很重視別人對我的觀感，所以那種從他們神態中釋放出來的好感和欣賞，我可以很快的察覺到。但我並不是刻意要表現出對小孫子示好的舉動，我只是很自然地怕小朋友會覺得等車的時間很無聊而已，就像看到其他車主的小孩，我也會給他們準備一些小點心或小貼紙之類的東西，並沒有什麼特別，所以之後也就忘了這件事。

沒想到，大約過了一個多月之後，不曉得是特別有緣，還是命中註定？剛好又輪到我值班時，他們又進來了。

為什麼說是命中註定？因為在當時，我們營業所裡面總共有十三個業務員，每次假日都分早、晚班各一個業務員輪值，照這樣輪流，平均輪完一輪大約也需要個幾週，所以就算要故意遇到我，恐怕也沒那麼容易，因此當下覺得實在是好有緣。

這一次，我終於知道他們姓劉，是劉媽媽的車子來廠裡保養。劉媽媽開心的跟我聊起她媳婦最近想換車，叫我有時間去跟她兒子介紹一下車子。一聊之下才發現更巧的是，劉媽媽的兒子不但在我以前讀過的國中教書，而且還是訓導主任呢！還好我國二、國三時都是當班長，也算是個模範生，不然就很糗了。

有這麼多的巧合和緣分，我當然毫不遲疑，立即約好時間去拜訪劉主任。

一踏入國中校園，那種熟悉的感覺讓我頓時湧上許多感觸。在往訓導室走去的途中，我也遇到了幾位過去教過我的老師。老師們都還記得我，我們互相打招呼問好，見到老師讓我突然有點近鄉情怯的感覺。

不過劉主任是在我畢業之後才到我們國中任教的，我過去並不認識他。見到了劉主任，我隨即表示是劉媽媽介紹我來找主任談車子的，很抱歉可能要耽誤他幾分鐘的時間。

劉主任立刻說：「原來就是你喔！」後來才知道是劉媽媽跟他極力推薦我，說我這個年輕人很不錯什麼的，如果想買車一定要跟我聊聊。

我感覺得出來，劉主任有點母命難違，是勉為其難答應跟我見面的，我不太明白是為什麼，因此試著從這一點慢慢了解他的想法，後來主任才跟我說，原來主任的太太是會計師，而如果她是一般的會計師也就算了，但偏偏劉太太是幫豐田汽車做帳的會計師。所以T牌是劉太太很重要的大客戶，而劉太太目前在開的車子也是T牌的，因此主任跟我說，如果他太太換其他牌子的車子進進出出豐田公司，會帶來一些困擾。

劉主任很誠懇的希望我能諒解他太太立場上的為難，當時我一直以為是劉太太主動想要換我們的車，因此聽主任這麼一說，我也不好意思太勉強他，就很識相的把話題打住，正要起身告辭時，主任也許是因為覺得對我不好意思、也可能是礙於自己母親的大力推薦，加上我又特地跑了一趟，所以他就跟我說他家有兩台車子的保險即將到期，問我能不能幫他服務？

車子的續保服務，當然只是純服務，完全沒有賺錢，但我知道主任心裡很過意不去，他願意拜託我幫忙，我當然是義不容辭！當下立刻就幫主任他那兩台車規劃了適合的保險，隔天把開好的保險卡送到學校去給主任，又跟他聊了幾句，也知道原來主任之前是在永康教書，前二年才調回我們國中的。

我跟他說，我們這所佳X國中是當年村民為了體恤學子每天要徒步到三、四公里之外的學校去讀書太辛苦（當時大家的經濟狀況都不是很好，多半都沒有車子可以接送孩子上下學，因此大部份的孩子都是用徒步的方式每天往返學校），後來經過村民們討論、商量，大家決定有錢的出錢、有力的出力，一起合力蓋了一間「風雨教室」，才讓村裡的孩子們不用再長途跋涉、冒著風險去上課。

說到這裡，主任才了解到他所服務的這間學校原來有這樣一段感人的小故事，感覺我們的關係又更拉近了一些，他不再像是「奉母之命」才來應付我這個業務員的那種勉強了。

談話到一半時，他突然接到一通電話，掛上電話後，主任急忙跟我說他有急事要外出，可能不能再繼續招呼我了，當下我也不方便多問，也立刻跟他告辭回公司。

二天後，我又為了保險的事情到學校去拜訪主任，他這才跟我聊起，那一天急忙離開是因為他太太要生了，他要趕去醫院陪他太太，所以才那麼匆忙，我當下立刻恭賀他喜獲麟兒，自己也感受到了他的喜悅。

那天離開學校之後，我一直在思考……突然，我想通了！既然我還是希望能賣車給劉太太，但是看起來是如此的困難，也沒機會當面跟他太太介紹、讓她體會到我們車子的好，那我何不趁這個機會送個禮，除了表達祝賀之意，也許可以打開陌生人的那道藩籬，說不定我還是有機會的。

我決定到金飾店去挑個禮物，注意到一個很可愛的金湯匙，當下看到只是覺得工做得很精細、很喜氣，也沒有多想什麼，而且當年的金價比較便宜，這個漂亮的金湯匙大約才一千多元而已，**我不希望主任收到這個禮物感覺有某種目的、有壓力，因此刻意不挑很高價的。**

但買完隔天要送到學校去時，我又猶豫了，說真的我們還不太熟識，主任一定會拒絕收下這份禮物，那該怎麼辦？我只是單純的想恭賀他們、給他們一點好感而已，沒想那麼多，思索之後我決定利用學校的午休時間悄悄送過去，把禮物放在主任桌上就趕緊離開了。

果然，午休時間一過，我就接到主任的電話，他一直希望我把禮物帶回去、一直說他萬萬不會收下我的東西……之類的。

電話中，僵持的有點尷尬，不管我怎麼說，主任始終堅持無功不受祿，再繼續拉扯下去就有點難堪了。

談話過程中我一直苦思著，該如何才能表達自己祝福的心意，而不會讓對方想拒絕呢？就在此時，我突然急中生智，想起了一句大家常常掛在嘴邊的話，就脫口而出：「主任，我希望您的孩子是**含著金湯匙**出生的幸運兒，他一定會一世好命的！請您不要拒絕我想祝福孩子的心意，這真的跟車子買賣無關……」

聽到這句話，主任突然停頓了好久，接著，他說出了一句至今我仍然不敢置信的話：「文貴，你禮拜五晚上有空嗎？我老婆那天要出院，你能來一趟嗎？」

當然可以！我喜出望外的立刻答應了。

星期五當晚，我一到他們家沒多久，劉太太馬上問我一些購車的細節，那時我才知道，原來是劉媽媽的車子要換而不是劉太太的。當然劉太太是希望婆婆能換開T牌的汽車比較好，如果不是因為劉媽媽對我極力推薦，劉太太可能就替婆婆決定買T牌的車子了，那我也就不會有這次的機會，當天也不會順利拿到訂單了。

好事還沒有結束！

劉媽媽換車只是第一台而已，其實劉太太他們也都有打算要換車，但是從頭到尾都沒有透漏半點訊息，只是一直默默在觀察我這個人，看到我即使跟劉媽媽成交了，也始終沒有改變一貫的熱誠和細心的服務、一直持續關心著劉媽媽開新車的狀況、不厭其煩地幫她處理各種問題，這些事情可能讓主任他們感到非常意外，因此接著就是主任換車、再來劉太太換車，直到三年後又幫劉媽媽再換了一台新車，他們一家人，前前後後總共跟我買了四台車！連劉太太都不再開T牌的車了，全都成了我的死忠客戶。

雖然我得知劉太太幫豐田汽車做事，要成功賣給她其他品牌不是一件容易的事，但可能是我一直沒有把輸贏看得那麼重、沒想那麼多，只是單純的努力想給他們一個好感而已，所以才能持續關心和連繫，也才能順勢把握住得來不易的機會，為自己贏得了四張幾乎是不可能的訂單。

這個故事對我最大的意義就是：**客戶不是只會挑品牌，他們更挑好的業務！**也感謝我從沒有一天想過要放棄。

7 老是做白工1：反悔的客戶千百種，最扯的還是自己親戚

金句

常常練習在高壓之下完成訂單，不到兩年的時間竟然也讓我練成了交車神速的本領！

從以前到現在我最怕的就是因為品牌不夠強，造成客戶很容易訂了車又變卦！有時候，要買車的是年輕人，但是付錢和決定的是人是爸媽，結果爸媽反對，孩子跟爸媽大吵一架，最後退訂收場！或者是先生買車太太不知道，回家後另一半不高興，被罵了一頓，隔天來退訂；要不然就是親戚朋友、同事反對，每個人都潑冷水，結果來退訂的也是一堆。

我記得剛開始接手賣現代車的初期，根本沒有老客戶、也沒有人介紹，只有零

星的陌生來店客。為什麼會有來店客上門？不是因為喜歡我們的車，而是因為我們的車價低，別人的車要賣六十萬，我們的車只要五十萬，差了十萬，客戶會想說，進來看看是怎麼回事？

但是進來看是一回事，看完車之後也不見得願意讓我們過去拜訪、甚至連資料都不留，那時候只能使出全力一直跟客戶談，談到客戶態度軟化、談到客戶非常心動了，但是只要沒有辦貸款、沒有收取對方的身分證去領牌，客戶隨時都可能反悔、變卦，即使收了訂金也一樣！這一點跟國外不太一樣，因為國情不同，台灣很容易發生講好的事情還反悔的情形。

所以，如果一個來店客談完馬上就訂車，你會不會覺得很高興？我反而覺得很害怕！怕客戶回去之後就反悔，尤其是晚上，**特別是星期五的晚上**變數最大。

那一段時間，我最害怕星期五成交的案子，因為可以反悔的時間很久，要熬過一個星期六、日，那種忐忑不安的心情真的很恐怖，通常十個客戶裡面有九個會反悔退訂，都訂車了，沒有馬上領牌就會出問題，常常星期一就接到客戶電話說要再考慮一下什麼的，等於前面所有的精神和時間都白費了、做了白工！

有幾次反悔退訂的經驗對我打擊很大，後來我痛定思痛，開始改變一些做法，後來因此練就快速成交的本領，也創下一些無人能破的紀錄。

其中有一個訂車後又退訂的客戶，是自己開公司的何大哥。何大哥很有錢，有一台賓士車開了十六年才跑五萬公里，整部車像新車，因為他不是只有一台車在開。他另外有一台我們的舊車（不是我賣給他的），已經開八年了，他去給車商估價，車行估十五萬，我幫他賣到十八萬。他的舊車賣掉我沒有賺半毛錢，但雙方說好舊車處理掉了新車就跟我訂。

他訂了一台我們尚未上市的新車款，預計要等兩個月，五月底訂的，要到七月初才會有車，所以我又跟買他中古車的人說好等他交了新車之後才會交中古車，兩邊都喬好之後，就收訂了。

快到交車的時候，L牌的一款新車也即將要上市，我那個時候很忙，何大哥訂的那款新車我一個月就可以賣掉十幾台，非常好賣，這時候何大哥突然跟我說L牌有試乘車他要去看看。

這句話聽起來很刺耳，中古車是我幫忙處理的、預訂新車也都講好了，我們都敲定了，結果他兒子跟他說覺得L牌也不錯要去看一下、同時試開我們的車和L牌比較，並且跟我說他試開之後會再決定。

我一向都不喜歡勉強客戶，可是心裡真的覺得很不舒服，對他這種模稜兩可的態度不是很欣賞，於情於理都不該這樣，因為我們是高高興興的成交、沒有半點勉強，他也是因為開過我們的車覺得不錯才會想要再買一台，現在只是在等新車出來而已，怎麼都談好了、舊車也都賣掉了，才開始搖擺不定！

後來L牌的上市的時間還提早幾天，等於是同時發表，但是交車的時間硬是比我們早了幾天。之後隔沒幾天，何大哥果然打來跟我說要退訂，他說兩個兒子都喜歡L牌，他其實也比較喜歡L牌。

基於立場，我必須把我所知道的說出來提醒他，我跟他講我姊夫的例子。我姊夫是買L牌七人座的廂型車，因為那時候我們沒有比較適合的車賣給他，我姊夫跟我談了很久，問我L牌的品質和二手車行情。我說它是新品牌，二手車沒有行情，新品牌還沒有創造品牌價值，因此沒有行情可言。

再來這家公司是新的、沒有傳承，所有的人都是新聘的，就算零件檢測都過關，可是沒有考驗到我們台灣的氣候、道路、駕駛人開車習慣，有些人不會照顧車子，能撐多久我不曉得。但因為我們沒有適合的車款，因此我也跟我姊夫說，那你就買L牌吧。

買完之後他每個月都跑保養廠，一開始衛星導航故障，原廠跟他說：「蘇先生，請你等明年六月回來換，我們有新的軟體，請你其他的電子產品先不要使用……」

我姊夫是很有水準的人，從美國留學回來，**一聽到這裡，差點三字經就飆出來了！**接著車子有風切聲、椅子有問題，對方都推說那是原廠設計，沒辦法解決。

新車買了三、四個月，我大舅子要結婚，請我們吃飯，車停好我姊夫遲遲沒下車，我去關心一下，結果看到他還在弄車門，他說電動滑門關不起來，還好可以手動，所以關門要關半天……。

我很有耐心的一一把狀況講給何大哥聽，電話講了半個小時以上，他說：「沒關係，原廠有保固，有問題再回去原廠就好了。」

我說它們油耗大概一公升只有七很恐怖，一般車休旅車二千c.c.還可以到八‧

五，我們的車甚至有十一．三，幾乎要多一倍了！而且我們的車是四期省油環保車，每個月的油錢差很多，L牌以後要賣掉的話價格可能也沒那麼高。

聽了這麼多，何大哥只用一句話全部堵回來：「只要用錢可以解決的事，都是小事。」

何大哥說他要退休了，工作要交棒給兒子，所以兒子喜歡比較重要，再加上他們家本來油錢一個月就要一萬多，油耗重一點也沒差，**果真有錢人的想法跟我們不一樣。**

說到這裡我完全無話可說了，總不能怪他講好的事不守信用吧？只好請他準備存摺來退訂，中古車還是幫他交車，畢竟做生意一碼歸一碼，我得要對中古車商負責，不能害別人沒生意做，這是我印象很深刻的一次退訂，對我打擊不小。

後來反悔的事情還是常常發生，客戶反悔的原因有千百種、反悔的故事真是講也講不完！有一次變卦的客戶竟然還是我自己的親戚。

他是一個非常反覆不定的人，有時候還很龜毛，但我覺得龜毛就是謹慎，也沒什麼大問題，問題是他很容易變卦、耳根子軟，即使我們是親戚，但他比一般客戶還愛計較。

他其實之前已經買過兩台我們的車了，後來他想把我們那台二千c.c.的汽油車換成柴油車，這樣竟然還可以跟我變卦兩次，反悔不買！

一開始，我跟他談好他那台二千c.c.的舊車可以賣給我的客戶，是一位在斗六的女老師，從這裡開過去車程要一個多小時，我跟女老師約好開車過去給她看。

我親戚的車子是香檳金色的，顏色不是那麼討喜，但是這台車他只開了一年兩個月，車況還保持得很好，女老師看了也覺得很不錯，雖然顏色不是很喜歡，但還是決定要買，於是女老師當天就把她自己原來的舊車賣掉。

第二天，我親戚就反悔了，反悔的理由還很離譜，他竟然說：「你又沒有問過我！」但明明當天是我們兩個一起去斗六見女老師的！

我雖然生氣，但也懶得跟他爭辯了，女老師已經沒車可開了，我只好趕快想辦法找另一台車給她，我運氣好，一個同事也有跟我親戚那台同款的黑色車，有聽他說過想要換車，於是我就跟對方說不然你的車賣給女老師，她出的價格還不錯，於是我們業務就把車子賣給女老師，才順利解決了這件事。

過了兩天，我親戚又過來說還是把車子賣掉好了。我問他：「你這次是確定要賣嗎？」他說：「當然。」

於是我馬上再請另外一位客戶過來，那時候大概是下午三、四點，客戶是六點鐘到，我有跟客戶先提醒一下我親戚前天曾經答應人家要賣，結果又反悔，如果能辦手續就趕快辦一辦，以免又變卦。

客戶有了心理準備後，我開始跟他介紹：「你看，這台車他照顧得多好！後座完全沒有載過乘客，比我的車子還乾淨！」車子的顏色對方雖然也不是很喜歡，但是車況很滿意，跟新的一樣。

這款車的新車是快七十萬，我幫親戚以很漂亮的四十九萬賣掉，我也為了尊重親戚而約他跟第二個客戶一起見面做確認，我還再三問他：「你車子確定要賣給人家了？」確認之後，親戚收下訂金、簽好契約。

隔了一晚，**只隔一晚**！人家說西瓜不能放隔夜會變質，就是這個道理吧？才過了一晚而已，隔天就在我跟銀行的人約好時間過來辦貸款時，我們約好十點，但是等到十點半我親戚都還沒出現！

打電話催他半天，他拖到十一點才過來，一見面就說因為這幾個小時內一直聽到很多人叫他不要換車，所以他決定不換車、不買新車了。

不買新車會衍生出兩個問題，新車業績沒有就算了，但是等於又失信於客戶、又對人家食言了！他說：「把錢還給對方就好了啊！」

我已經沒力氣跟他生氣了，我說：「你現在換柴油車只要賣掉舊車再貼二十幾萬就可以了，而且光是一個月的油錢就可以幫你省很多，你用開了一、二年的舊車換到全新的，多划算！這台舊車也是因為客戶非常喜歡才能幫你賣到這麼好的價格，之後你想賣可能也沒有這種好客戶了，你要想清楚喔……」我一樣一樣分析給他聽，講了一個多小時、客戶和銀行經理也在旁邊等了一個多小時。

你們以為這樣就打動他了嗎？沒有！這些話到後來全都成了**廢話**，根本白講了！

他耳根子軟，說有人叫他不要買我們的新車（問題是舊車也是我們的啊，這是哪門子的「品牌情結」？），他想想也覺得有道理，**而且不知道怎麼說到最後竟然還變成是他有理由不高興**，當場當著所有人的面掉頭就走，留下我一個人收拾爛攤子。

我要怎麼處理已經收了三千元訂金的客戶？昨天才收訂簽約，今天他就反悔了，比起上一次，這次更糟糕。

我就算一直跟客戶道歉也難以彌補，只好跟客戶說，如果他想改買新車，我會盡我最大的努力幫他爭取優惠，就這樣，客戶因為覺得我從頭到尾事情都處理的很有誠意、態度很好，所以反而跟我買了新車。

因為我很不喜歡老是被客戶反悔、做白工的滋味，開始每天都在想怎樣可以讓交車流程辦得更快一點、怎樣可以盡量在一天之內辦好所有手續、怎樣可以趕在客戶反悔之前，一成交就馬上領牌！

沒想到，常常這樣練習跟時間賽跑、練習在高度壓力之下完成訂單，不到兩年的時間竟然也讓我練成了交車神速的本領！在正常的情況下，一般大是約四到五個工作天可以交車，**我則是縮短到今天訂車、明天領牌，最慢後天就交車！**最快的紀錄是從不認識的客戶開始介紹，到領牌不到二小時，至今無人能打破。

8 老是做白工2：為了退訂，什麼怪理由都行

金句

不能因為客戶出難題就不耐煩、就急躁，這樣只會讓客戶更不信任你而已。

前面說到因為被客戶反悔到怕了，所以我不跟善變的客戶搶時間不行！跟客戶談車時，我如果沒辦法馬上拿到訂金、辦好貸款，就等於是等著被反悔、取消訂單！**所以我必須練就比客戶的動作更快**，更快簽約、更快辦貸款、更快領牌、更快交車。

那時候十個客戶裡面有九個回去後都會反悔，想到都很無力，曾經有一個客戶就是這樣，買車的是媽媽，來反悔的是兒子。

那個媽媽來服務廠保養車子，她是開雅哥的舊車，那台車子估計可以賣十多

萬，她有在看我們的某個車款，所以就趁保養時跟我聊一聊，這時剛好有一台試乘車到了，我就邀請她，問她要不要一起去試一下車子？

她試了一圈，覺得很滿意，回到營業所之後，我跟她說：「妳那台雅哥現在要修理的話大概要二萬多元，車輪也差不多該換了，可能過一陣子又要大保養了……」客戶一聽，覺得那台舊車一直在花錢，而她喜歡的新車也才四十多萬而已，怎麼算都知道買新車比較划算，而且她本來就打算要換車了，所以也很乾脆，想了一下就決定換新車，直接把舊車留下來，請我幫她估掉，銀行對保也很快就完成了。

那天中午我們值班的同事都還在午休時，我就完成了試車、談細節、下訂、辦貸款、中古車估價賣掉，一個小時談妥整個案子。

到了晚上十二點時，我接到她兒子的電話，原來她兒子下班回家後發現媽媽不過是去做個車子保養，結果竟然換了一台新車，而且還是韓國車，不是很開心，打來問說他媽媽中午是不是訂了一台車？接著他堅持說喜美有出一款1.5的新車，他比較喜歡那一款，想把我們的車退掉去買喜美的。

我聽了覺得很奇怪，因為喜美根本沒有出那款新車，也再三保證我說的不會錯，事實上喜美當時只有CR-V而已，但是聽他講越多，我就越明白他只是想反悔退訂而已，喜美有沒有出那款車根本不是重點，所以就隨便找了一個奇怪的藉口來退。

即使他也知道如果反悔沒有賣中古車，要賠償對方多少錢、即使他母親很喜歡我們的車，也需要一台新車，但他還是很堅持要退掉，最主要的原因就是他對我們的品牌不認同。

我跟他耐著性子好說歹說講了一個多小時，他都聽不進去，最後我只好跟他把利害關係說清楚，我說：「銀行將近四十萬的貸款都已經撥下來了，你如果現在取消，銀行就會有八％的違約金，要罰三萬多元，再加上中古車也用十萬元賣掉了，已經扣到車款裡了，如果無緣無故退掉的話，依照中古車買賣契約書載明，反悔不賣要倒賠十萬元，所以現在解約等於什麼車子都還沒拿到，就要開始賠錢了！」

那時候我賣出車子的動作真的很快，不然客戶會反悔，而且銀行方面也很配合，當天就撥款了，這點我完全沒有騙他。

她兒子一聽到就說：「那沒關係，中古車還是給你賣，就不算違約，但新車我們要退掉……」

我跟他說：「但是銀行的違約金還是要賠三萬多啊，也都白紙黑字簽好了……」

他聽到這裡時開始有點猶豫，但重點是我也不希望他是勉強接受這台車、帶著不開心的心情，這不是我的銷售風格，所以我跟他說：「我們的車子真的沒有那麼糟，我太太也買了一台，我們在車子剛上市的隔天就買了，如果車子不好，即使我自己在賣這種車，也不可能讓家人買，難道我會希望我太太發生什麼事嗎？」

我很有耐心的跟他溝通，從第一句話到最後一句話，口氣始終沒有改變，一般人講到激動處、講到腎上腺素飆升的時候，口氣和態度一定會變，但是我始終沒變，還是一貫的平穩和鎮定，**因為我們講話態度和口氣很重要**，這是給客戶最直接的觀感，不能因為客戶出難題就不耐煩、就急躁，這樣只會讓客戶更不信任你而已。

講完之後我還稍微安撫他一下，跟他說我給媽媽很大的優惠，其實這時候買真的是賺到了，最後當然是成功的挽回了一張訂單。

講真的，只要是賣車的業務，都有被退訂的經驗，反悔或退訂的戲碼幾乎天天都在上演，我上個月就又被退訂一台。

客戶是中古車行老闆介紹的，他說客戶的爸爸原本幫客戶訂了一台賓士車，訂金都付了十萬，但是後來因為做生意被倒帳幾千萬，買不起賓士，就連爸爸才開了幾個月的保時捷也被迫賣掉，可是兒子一直很想買車，中古車老闆就把客戶介紹給我。

接觸之後才知道，家裡媽媽和阿嬤都反對他買車，因為未滿十八歲，還沒考到駕照，要等到七月底才能去考，只有爸爸支持他買車，同意幫他先訂車，這中間從試車、看車、談細節，進行了一、二週，最後好不容易我和他爸爸談好購車條件、貸款細節，也收了二萬元訂金。

這個客戶跟大部分年輕人一樣，喜歡改車、改得很炫，改輪胎、改音響、改內裝、改空力套件……，改一堆東西，收了訂金之後，我又不斷去跟客戶討論改配件的事情。

因為他喜歡的配件大部分國內都沒有在賣，要從國外網站去找，例如淘寶、韓國的網站等。我花了很多心思上網找資料、傳圖片給他看，確認他喜不喜歡，找到他喜歡的，再詢問國外那些零配件能不能辦進來？如果可以，再跟客戶報價，包括運費、手續費……等，就這樣不斷討論細節，持續了好幾個禮拜，不管幾點我都配合他的時間過去跟他談。

直到後來終於確定了大部分的內容，國外的配件也都詢問好了，當時我再過兩天就要出國，既然大部分的細節都談好了，原本我希望能在出國前先把貸款辦一辦，但是客戶的爸爸說：「不急，貸款要用媽媽或阿嬤的名字，但她們目前都很反對，因為還沒考到駕照，需要時間說服她們，所以等你回國後再說。」

六月底我回國後就跟他爸爸聯絡，他爸爸又說兒子七月初要動手術，等開完刀再說。等到七月初開完刀了，我還不敢第一時間打給他們，刻意等了二、三天之後才打去，客戶爸爸說：「他剛拆完線回家休養……」言下之意是先不要談這個，等恢復後再說，但是辦貸款跟開刀沒關係啊，也不需要勞動到客戶，一直延後就有點奇怪了，我心裡知道事情不太妙，但沒辦法也只能繼續等。

之後再隔幾天連絡時，爸爸沒聯絡上，我傳line問客戶，客戶說：「爸爸突然接到通知要到大陸出差二、三個月，才剛剛過去，等過幾天再問他。」

之後隔了三、五天我又打去問，客戶還是回覆，爸爸那邊都沒有提到要辦貸款的事，我就問：「那爸爸有沒有line或微信？我可以跟爸爸聊一下。」

客戶說：「爸爸沒有line也沒有微信。」客戶接著說沒關係，二萬元訂金就留在你那邊，等爸爸回來之後再來辦貸款。

說到這裡，我心想，好吧，既然那麼有誠意都說訂金就放我這邊了，也沒說不辦貸款，那我也就相信他，想說等過一陣子再來問，主要是他很多零配件要進口，需要時間處理，因此要盡快先確認辦理貸款的事，後面才好進行。

後來我一直記得客戶要去考駕照的時間，七月底我又傳訊息問他駕照考過了嗎？他說考過了，我就恭喜他，如果駕照拿到了，媽媽和阿嬤應該就不會反對辦貸款了，所以我就問他：「如果爸爸一直在大陸忙，沒空處理貸款的事，那這樣阿嬤或媽媽就可以辦貸款了，我是不是可以跟媽媽或阿嬤聯絡一下？」

客戶說，爸爸不在國內就無法處理，因為唯一支持他買車的就是爸爸。

結果到八月十幾號時，我突然接到客戶電話，說爸爸不只待三個月，要留在那邊半年以上，然後二萬元的訂金能不能先退給他？

我說：「可是你不是一直想要這台車嗎？也都講好幫你改一些配件、也去幫你找好廠商了，訂金退掉是不想買了嗎？這樣不是很可惜？……」

客戶說沒辦法啊，媽媽反對，而支持他的爸爸又在大陸。

聽到這裡，**前面所有拖延的不合理都有了答案！**以我的經驗判斷，他應該是這之中一直有去參考別的品牌，所以拖這麼久之後又來要求退訂金，訂金是爸爸付的，爸爸在大陸有缺這二萬塊嗎？一聽就知道這不是理由。

尤其我之前說過客戶分很多種，剛拿到駕照的人是最想要買車、最有購車慾望的，那種想開車上路的興奮感，不可能這麼無所謂，再加上爸爸很疼他，我想媽媽和阿嬤應該也很疼他，因為他是獨子，他們怎麼可能會不想幫他辦貸款呢？

過程中我該努力、該說服的都盡力了，但我也不想去拆穿他，因為我說過不喜歡勉強別人。即使碰到這種事，白忙了兩個多月，我也不會去質問客戶，我只會由衷的祝福他，因為客戶都已經決定了，沒必要再給客戶那種尷尬的感受，我認為失敗的原因自己來檢討就好了，不需要去問客戶：「為什麼不跟我買？為什麼說好了又變卦？」這些都是沒意義的。

9 拜訪10次，終於看到關鍵問題

金句

「世上沒有爛客戶，只有爛業務」，把客戶的需求找出來，是業務員的責任。

商業周刊曾經報導過一個故事，說我持續去拜訪一位女客戶高達十次才成交。那位女客戶姓陳，她開了一台十幾年的嘉年華小車，有打算要換車，她的同事剛好是我的客戶，知道之後就把她介紹給我。

一開始，她根本不知道我們是什麼品牌、賣什麼車，而介紹的人也沒有跟她講清楚，於是我第一次去拜訪她的時候，就從自己公司的品牌開始介紹起，因為時間不夠，到了第二次拜訪我才有機會介紹我們的產品，經過這兩次之後，她也覺得應該可以參考看看，說好隔天連絡開車去給她試乘。

可是，隔天打給她時，她已經被別人講的一些話給影響了，又開始覺得韓國現代車不好、要再考慮看看之類的。

那個時期剛好是我們剛接手韓國代理的時候，整個品牌形象是很不好的，每天都會被客戶潑冷水，所以我也習慣了。

雖然這些質疑都是同樣的老問題一再重複，但我知道口說無憑，所以都會隨身帶著可以證明的資料文件，針對客戶提出來的質疑一一澄清，例如，客戶反應我們的零件比較貴，我會提出數據對客戶說：「事實上，我們的零件價格是同級車裡最便宜的！」客戶說我們的維修據點少、後續服務會比較差，我就拿出放在口袋裡的小卡，上面滿滿都是我們現代車的維修站，總共有上百家，各縣市都有，並沒有維修據點少的問題……等等。

我隨身都帶著這些數據分析，隨時講給客戶聽，讓他們知道其實很多事情都是以訛傳訛的誤解而已，並不是事實，這樣客戶也會比較認同，就算沒有辦法馬上成交，**也會改變他們的印象、讓他們有機會重新考慮**，之後說不定有可能買我們的車。

陳小姐也是一樣，她雖然有換車的需求，但是沒有很急迫的壓力，她已經有一台還可以開的嘉年華，而通常換車族是最不急的，因此要讓她下定決心很難。

再說，一台車可以開十幾年，代表客戶不是愛慕虛榮的人，她會能撐多久就撐多久，除非那台車突然大拋錨、沒車可開了，才會比較急。

當然我不會因此而放棄，還是繼續去拜訪她，只是她的耳根子比較軟，我每次去都會又聽到新的問題，一會兒覺得我們的中古車沒有T牌的價錢好，我就分析給她聽：「既然我們的新車足足比T牌的便宜了十多萬，那三、五年後妳要賣掉時，比T牌少賣十萬元也是很正常的。」

當下她可能聽進去了，但下次她又有新的問題：韓國車維修不方便、零件容易缺貨，甚至有一次她跟我說**我們的車子太高了！**

就這樣，我來來回回足足去了九趟，每一次她都會被我說服，或是口頭同意，但要寫訂單時她又始終不點頭，一直無法成交，而她也沒有明確告訴我是為什麼、或是還在考慮什麼？事情就一直卡在那裡沒有進展。如果是一般業務員，可能會覺得陳小姐真麻煩、每天都有新的問題冒出來，也不知道到底是不是真的要買？連車子太高都拿出來嫌，聽起來就像是一個藉口，大多數業務員聽到這裡可能就會放棄了，但是我認為把客戶的需求找出來，**是業務員的責任**。

而且，「世上沒有爛客戶，只有爛業務」，我真心相信如果我無法為陳小姐創造購車的慾望和需求，**那一定是我的問題，而不是她的問題**。

就這樣，我憑藉著個性中那股死不放棄的傻勁，不管如何都想要找出陳小姐真正不想買車的原因是什麼，於是，我第十次去去拜訪她，只比國父革命少一次。

這一次跟之前不太一樣的地方是，我遇到陳小姐的老公、也第一次坐下來跟她老公聊天。

陳小姐有個已經全身癱瘓的老公，我到的時候他正獨自坐著輪椅在庭院裡晒太陽。之前我就知道她老公癱瘓了，言語都不太方便，**所以前面九次我都自動把他略過**，別說跟他打招呼了，連多看他一眼都沒有。

而這就是致命的忽略，陳小姐買車的關鍵正是她老公！但我卻一直視而不見，畢竟當時還年輕，容易用自以為是的判斷，蒙蔽了判斷力和早該注意到的關鍵。

雖然她老公全身都不能動了，但還是有表達和思考的能力。那一天我到的時候，把特意經過便利商店買的雞精禮盒送給他，順便跟他在院子裡聊了一下，還問他喜不喜歡我們的車？他平常都多久去一次醫院做復健？……等等的事。

他很少回答，只說買車的事情要我問他太太就好了，那天在跟他們聊天中我才知道，平常去醫院復健多半都有越傭幫忙把她先生一起抬上車，但後來越傭回去了，變成陳小姐自己一個人要揹她先生上下車，非常吃力！

所以雖然她覺得我們的車子還不錯，但是太高了，這是真實困擾著她的問題，她為了試著把先生揹到我車上，也是忙了半天、十分辛苦。

也許是因為那天有跟她先生聊過，感覺得出來她先生應該是對我印象還不錯，所以陳小姐比較願意對我說出真正的感覺。

那一次談完後，我一路上一直在思考陳小姐和她先生所說的話，我太晚才醒悟到陳小姐換車第一個考慮的，應該就是載先生到醫院做復健可以更舒服、更方便啊！之前她反應車子太高，原來並不是藉口，其實她先生一直都是她最重要的考量，而且不只是我們的車，幾乎大部分的車子都有這樣的問題，所以我一直沒有反應過來這才是關鍵！還以為她只是在找藉口挑剔我們的車子。

回去後我立刻打了個電話給陳小姐，她又跟我說了一次，她真的是因為車子太高沒辦法把她先生扛上去，所以才一直在猶豫該不該換車？如果我能幫她解決高度的問題，那她一定會跟我買車。

當下我靈機一動，心想，既然是卡在車子底盤太高，我不可能去要求車廠改變車子的高度，但是我可以從椅子下手啊！於是我馬上撥了電話給製作皮椅的廠商，詢問可不可以將椅子的高度改低？老闆回我說：「可以找一張中古的電動座椅來改，就可以隨客戶的高度調整，再重新換裝新的皮面就行了。」

這番話讓我喜出望外、看到一線生機，我立刻打給裝配廠詢問中古電動座椅的貨源，確定這個方式是可行的之後，我再打給陳小姐，跟她說：「我自己貼錢來幫妳換成可以自動調整高度的電動座椅好嗎？這樣一來妳就不會那麼辛苦了，**妳先生在車上也不會因為無法調整高度而看不到窗外的風景了。」**

陳小姐不敢置信的問我：「你是說真的嗎？真的可以換嗎？」我很肯定的跟她說可以，因為我都已經問好了（大約要自掏腰包七千多元）。陳小姐很高興，決定馬上就跟我買車！

就這樣，終於在拜訪第十次之後順利成交了。不僅如此，陳小姐癱瘓的先生雖然無法行動，**但還是能用嘴巴幫我介紹了兩個客戶！**成為我最死忠的樁腳。

10 合歡山服務事件

金句

我都全國第一名了，能答應到這樣，有人能比我更優惠、做得更多嗎？

在台灣，很多人都認為服務不要錢，所以我們在做銷售時非常困難，常常碰到一直砍價的客戶，都砍到流血見骨了，還是喜歡到處去比價，希望能比到一個最低的！

因為對他們來說，價錢是唯一考量，最好是價錢比別人低、配備比別人多，完全不在意售後的服務品質，有些客戶甚至會說：「沒關係，我們買車就是要優惠，不需要服務，何況以後還找不找得到業務員都很難講！」

遇到這樣的客戶，我不會去跟他們爭執，我會說有可能你們習慣是這樣、有可能你們遇到的都是不好的業務，或是剛好沒有遇到需要我們服務的地方，不過如果你們有跟我買過車子就會知道，**售後服務比你們想像得重要多了**，不管是保養、維修、貸款、出險，還是車子的各種大小問題，有沒有一個夠專業又隨時能找得到人的業務員幫你，那真的是差很多！

所以我通常會跟拼命殺價的客戶說：「我都全國第一名了，能答應到這樣，有人能比我還優惠、做得更多嗎？不用擔心跟我買車會吃虧，我能為你們做的，絕對比你們想像的還要好！」重點是要讓客戶聽得下去，不要為了一些優惠跟客戶在那邊僵持不下，客戶不會喜歡業務跟他們唱反調，所以如何說服客戶很重要。

為什麼專業的售後服務會比優惠更值得客戶在乎？我想到多年前的一個故事。

有一年，我們營業所舉辦員工旅遊去墾丁玩兩天一夜，我就帶了全家一起去，在墾丁最後一天的晚上，突然有個三年多前跟我買過車子的客戶從合歡山上打電話給我。

這個客戶是銀行主管，太太是老師，車子已經開了三年多，他打來說他們跟親戚原本打算從合歡山開始玩，之後要繼續走中橫到花蓮一路玩下去，但是車子開到一半突然亮故障燈、一直無法發動，問我該怎麼辦？

我初步判斷我們的車子已經沒有高山症的問題了，所以應該是其他問題，於是我問了他的位置，跟他說：「沒關係，我先安排把車子拖下來，你等我一下，我聯絡好修車廠，會請廠長打電話給你。」

根據他的位置，合歡山下來是清境，離埔里比較近，剛好我常去埔里交車，有比較熟的修車廠，我立刻打電話給埔里廠長，跟他講大概的狀況，說車子要馬上拖下來，再拜託廠長幫忙客戶找住的地方，因為客戶現在也沒辦法再繼續後面的行程了，只能先找休息住宿的地方再說，後來廠長也熱心幫他們安排好入住的地方。

第二天我已經從墾丁回到台南上班了，早上快九點時，廠長打電話來說車子是變速箱的問題，必須要往北送修，大概要一個禮拜到十天左右的時間，我就請他趕快跟客戶講，因為這樣他們的旅程就得結束，而且要跟客戶確定願意送修、願意等上七到十天的時間。

廠長講完後，我接著立刻打電話給客戶解釋目前狀況，我跟客戶說：「你們現在可能要把行李拖著，我請廠長帶你們去搭和欣或統聯客運回來，你們後面的旅程可能得要提早結束了。」

但是他開始有點吞吞吐吐的，我問說你們行李很多嗎？他說不是，而是因為還有帶姨丈跟阿姨一起來，都還沒玩到就要回去，如果只有夫妻倆就算了……

我立刻明白了。「沒關係，那這樣吧，我開我的代步車去給你們使用，既然計畫已經執行了，就不要敗興而歸，但不要再去花蓮，在附近玩一玩就好了，這樣可以嗎？」他就很謝謝我，然後我估計一下大約中午會到，就問他們住在哪裡？他說他們住在日月潭的教師會館，我聯絡好之後九點多就跟老婆一人開一台車出發。

沒想到，我們兩台車的導航都報錯路，害我們在山區迷路多浪費了一個小時，最後終於趕到日月潭教師會館時已經下午一點多了，把車子交給客戶之後，接著又跟老婆開車去找埔里廠長，幫客戶了解一下進度和狀況。

原來他的車是因為變速箱壞掉，導致沒辦法排檔位，因此車子不能動，根據我們公司的SOP流程，程序上是要先用修的，如果送修可以處理好，就以修理為主，除非很嚴重才能換新的，所以廠長必須安排把車子北上送到總公司去檢修變速箱。

了解這個狀況之後，我打電話給總公司技術科的人，跟他們說：「如果這次你們修理送回來之後，還是沒有處理好、後續又有問題，那你們要自己下來解決，**不能讓客戶一直這樣等車子來回送修**，不然你就直接換一個新的給客戶。」

結果修完變速箱再測試，果真還是有問題，無法完成測試，他們不知道會不會再出問題，也擔心到時候自己真的要下來處理，乾脆直接換一個新的給客戶，不敢再耽誤，也算是幫客戶爭取到順利換了新的。

原本我以為合歡山的故事就這樣了，一直到之後客戶才跟我講一段中間發生的插曲。原來那天在合歡山上他們四個人在等拖車司機時，預計二個人搭拖車，另外二個人再叫一台計程車跟著一起下山。

但是合歡上的路很小條，拖車司機拖了車子後要去前面遠一點的地方調頭，可是司機也沒跟他們講清楚，自己開了車子就走了，計程車也還沒到，結果四個人在下著雨又只有三、四度的晚上，可憐兮兮的站在路邊手足無措，他們冷得半死又淋雨，姨丈和阿姨年紀又比較大了，簡直是飽受折磨，後來幸好有另一台遊覽車經過到看他們在路邊淋雨，好心停下來讓他們上車去躲雨，不然萬一淋到生病，後果難以想像，因為這樣，當晚他們對我是有點失望的。

我聽了只能一直道歉，說我真的不知道，因為拖車是委外的，不是公司自己的，沒辦法控管司機的素質，很抱歉造成一個不愉快的過程，但幸好隔天我專程開代步車去讓他們使用、又爭取換了全新的變速箱，讓他們免去很多麻煩，也把一些事情都打點好，他們覺得很感動，發覺是錯怪我了。

事實上，我相信一般業務根本不可能專程開車去給他們代步，光是一趟來回就要花上五、六個小時，等於比台北開車到高雄的時間還要更久一點，更不用說是去服務已經銷售出去三年多的客戶了，還能主動做到這個地步、不讓客戶擔心，誰說「售後服務」一點也不重要呢？

售後服務的品質，一定會對車子的使用產生影響。早年我有一位客戶陳先生，我是透過樁腳大力推薦給他的，因此對於我很信任，對我的介紹也很滿意，但是我們的品牌他就是不能接受，他跟我說要回家考慮幾天再說，之後跟他聯繫，他還是一樣，喜歡車款、但是不打算買我們的車，矛盾的是，他說可是很希望能由我來為他服務！

他提出一個要求，問我能不能幫他調他很喜歡的某一款車給他？雖然我極力挽留、說服，最後還是沒辦法改變他的想法，即使他再認同我，也無法讓他決定買我們的車子，無奈之餘只好幫他介紹一位對方的業務來為他服務，他們也順利成交了，我也跟陳先生說得很明白，我不方便照他的要求幫他做後續服務，不是我不願意，即使我願意也不方便介入和干涉其他人的工作，這樣對那個業務不夠尊重。

但是交車後沒多久，他還是一直找我，因為他的新車出了一些毛病，業務又沒有幫他處理好，讓他才幾個月內就進出維修廠好幾次，也對原廠很不爽。

他一直拜託我幫忙，也問我為什麼會這樣、那樣？最後大部分的問題還是我幫他另想辦法解決的，這時候他說了一句：「早知道就跟你買！」

但是哪有那麼多早知道？已經來不及了，他只好勉強開著讓他一肚子氣的新車，不到一年就把車賣掉了。

11 沒有奧客，只有奧業務：100通電話

金句

有什麼樣的業務，就會有什麼樣的客戶，客戶的行為都是業務員養成的。

我有一個很好的客戶，是住在高雄的大姊，她自己本來就有一台賓士車在開，之前也換過三、四次車子，都是雙B的名車，那時候她忙著經營股票，只有假日才有時間跟家人出遊，會想要參考我們一款柴油休旅車，是因為跟家人出遊時想換開比較省油的柴油車，有朋友跟她推薦我，但是因為她住高雄、又很怕麻煩，心想幹嘛千里迢迢跑去台南鄉下買？高雄如果不錯就在高雄買就好了，於是就先去高雄鳳山我們某間營業所看車，詢問同款休旅車。

結果當天她去的時候，可能是因為穿的很隨便，一件短褲、拖鞋就出門了，完

全沒有打扮，一進去展示間問車，業務員態度都愛理不理的，眼神很看不起的感覺，價格更是隨便呼嚨她，亂報一個很高的金額，好像故意要她知難而退，她覺得非常受辱，很不開心，就回家了，也不想再去看我們的車！

後來朋友一直跟她推薦我，說了我很多好話，叫她打給我看看，她被講到有點懷疑：「阿貴真的有那麼好嗎？不然見一次面看看好了。」於是她就約我到高雄她家去談車。我到大廳的時候她帶我上樓，一出電梯門都還沒聊到天，她就說她看到我的感覺很好，說我衣著整齊、舉止很正派，感覺很舒服，額頭發光是福星高照的象徵。

她在樓下有先看了一下我開去的車子，看完之後很喜歡，我們上樓談完條件之後，第二天她就跟我訂車了，當時我幫她挑的車牌號碼跟她手機的末四碼一樣，我問她這個車牌號碼可不可以？跟妳電話末四碼一樣，她覺得很開心，認為我這個業務有在用心、很不錯。

到了交車那天發生一件事，差點讓大姊對我的好印象破滅。我第一次去她家談車時，因為是開自己的車，車上有裝衛星導航，第二次去是要交車了，我開她的車叫我太太開車跟著我一起去，去交車的路上我一直打電話跟她問路，因為我太太的車上沒有裝衛星導航，所以我是憑印象去的，結果把她家的位置搞混了，就打了幾通電話問她。

問到第三通電話時，剛掛掉一分鐘之後她馬上回撥，問我說她的新車不是有裝衛星導航嗎？我說我的車有衛星導航，但是妳的車子沒有。她問為什麼沒有？不是講好要裝衛星導航嗎？我說我們沒有談到要裝衛星導航，妳可能是看到我的車子有裝，所以誤解了，但是我們都有白紙黑字寫得很清楚，不然等我到了再說，因為一邊開車找路、一邊講電話很不方便。

一到她家，她知道我有抽菸，先送我一條她剛從日本帶回來的菸，接著第二句話就說：「我虧十萬，你幫我把車子賣掉吧。」

我有點傻眼，都還沒開始交車，怎麼會這麼說呢？我說過交車當下客戶的心情，**不管是喜悅或不滿，都是最強烈的**，因此一定要加倍小心處理。我趕緊問她為什麼？她說她不喜歡這樣的感覺，她認為原本就應該要有的東西，現在卻沒有，覺得怪怪的，因此不想要了！聽得出來大姊不是很高興，所以講話開始變得越來越大聲。

其實這台柴油新車很熱門，不用虧十萬我也一定賣得掉，只是我不希望事情演變成這樣。她說：「我不是說要跟你的車子一模一樣嗎？我不喜歡不守信用的人。」

我趕緊解釋：「大姊，真的很不好意思，我不是在硬凹，但真的是誤會一場，其實我們兩台車再怎麼樣也絕對不可能是一模一樣，因為我有裝很多東西，但那些東西妳根本用不到，裝了也是白浪費錢，所以我們才會一項一項白紙黑字做確認，妳真的是誤會了，我們的價格裡面也沒有算到衛星導航的錢，所以妳並沒有吃虧，不然這樣好了，我們現在裝衛星導航要一萬元，我用員工價八千元趕快請人幫妳加裝，可以嗎？」

剛好我們分公司就在她家附近，我立刻打電話聯絡高雄的廠長，確定師傅當天下午就可以裝好，我知道她在意的不是錢的問題，只是不爽期待落空，影響了交車的心情，還好我的建議她能接受，同意讓我交車。

然後我開始講解車子要怎麼操作，照慣例講了一、二個小時，我講解時她都有做筆記，但事後才知道那一、二個小時都做了白工，因為她是假日才開這台車，所以大部分的操作都不記得了，自己的筆記也看不懂，而隔天剛好是中秋節連假，那三天裡她就打了一百多通電話給我，不誇張，真的有一百多通！一天打三十幾通，我一直忙著接她的電話回答問題。

其實她的問題都不是很困難的，例如：音響左邊第二排那個R開頭的是什麼？我說那是重複播放鍵；然後三角形的中間畫一個圈是什麼？那個是臨時停車故障號誌燈；方向盤左邊底下的按鍵是什麼？我說那個是旅程電腦，按一下它會切換成怎樣的狀態，切第一個畫面是什麼？妳可以看它英文字母是代表什麼意思、第二個是怎樣、長按住不放又是怎樣……都是類似這些。

我就當成自己在她面前講解一樣，但是我隔空教她操作，不但要對自己的產品很熟悉，還要能立刻聯想，因為車子沒在我面前，有時候會搞不清楚她是問哪個按鍵？

有一次大姊一邊開車、一邊打來問我衛星導航是要怎麼按呀？我覺得好危險，她在開車耶！我說：「大姊，妳不能自己按！妳把電話給隔壁的人，我教他怎麼弄，妳開車不要去操作，太危險了！」她就有點傻大姐那種直率個性說：「我現在車上只有自己一個人耶。」我說：「要不然妳找個定點停下來。」她說：「也沒辦法停耶，我在高速公路上。」

而且她不是只有那三天打來問，而是每隔幾天就會重新再問一次操作方法，但是再講解幾次還是一樣，她的問題都是重複的，今天問完音響怎麼切換可能明天又來問一次，那個問題也許已經問我十五遍了，但我還是一樣仔細講解給她聽，有的時候我看她怎麼那麼都久沒打來，會主動打回去問她都會了嗎？沒有問題要問我的嗎？

有一次她開一開打來問加油開油箱蓋要按哪裡？冷氣調高調低要按哪裡？我想想覺得這樣不行，對她太危險了，而且有些東西我實在用電話也講不清楚，問她什麼時候有空，我再過去跟她重新講解一次。

打到後來她自己都很不好意思，跟我說：「文貴，你如果來高雄，打電話給我，帶你太太和女兒一起來，我請你們吃飯，我年紀大了，記性不好，真是拍謝啦！」

我說：「大姊，不要這樣講，這是應該的，妳再打一千次我也是會接、給妳回答，這一點也不麻煩。」

有一次，她車上的電池沒電了，車子停在地下室發不動，我請她先到一樓講電話，因為擔心她手機收不到訊號，拖車司機會聯絡不到她。所以我常說**要幻想自己是在客戶面前處理事情，才能幫客戶設想各種情況**，但我那時候不知道拖吊車接我們柴油車的電是接不起來的，我們柴油車的電池是最大顆的95D，一般車子是55D，電不夠接不起來，所以當天就無法處理，我想說大姊平常不會用到這台車，都是開她的賓士，所以隔天一早再請廠長親自過去處理。

我知道大姊怕麻煩，所以都要幫她安排得好好的，讓她不覺得很麻煩，讓她知道只要交給我來處理，任何事情都可以很輕鬆搞定！明明有可能是很麻煩的事，但我一定也會說不麻煩、由我來聯絡，不要讓客戶傷太多腦筋。

剛好高雄那個廠長跟我很好，我之前經常這樣拜託他幫我處理一些客戶的車子，當然我也常常會介紹許多高雄的客戶去他那裡做保養、給他做業績，維繫關係是要彼此互相的。

隔天廠長就去把電接起來、把電池換掉，但是還有一些問題我在電話中聽他在現場也不會弄，大姊說她的音響在播放時要切換到衛星導航的畫面，她不會，畫面一直出不來，因為那個是快十年前的導航不像現在比較簡單，操作時多了好幾個步驟，我聽完大姊的問題就一個步驟一個步驟、用她可以聽得懂的方式教她，事情很順利就解決掉了，她說她上星期去服務廠問半天都聽不懂，我的講解她比較聽得懂。

後來我直接把大姊介紹給廠長，日後大姊的任何保養、維修問題，都會由保養廠的廠長直接幫大姊服務，並且也會事先通知我，我可以同步了解狀況，不讓大姊擔心問題沒處理好。

之後聽大姊說，一開始朋友一直叫她來跟我聯絡時，她很不想，因為這麼遠，多不方便，她又超怕麻煩的！聯絡之後，她原本也沒有期待我會有多好的服務，只要一般正常一點、態度不要太差就好了，但沒想到接觸之後我給她的感覺這麼好、這麼貼心，連她擔心路途太遠，交車和維修保養會有問題，我都能幫她安排好，不讓她費心。

她也曾對朋友說：「文貴完全顛覆我對業務員的印象，從第一通到後來一百多通電話的口氣竟然都沒變！連賓士車的業務都比不上他，我跟賓士買完車子之後，他就跟你莎喲娜拉、不再連絡了，文貴完全不一樣！他是第一名！別人根本沒得比，天差地遠！」此後大姊逢人就幫我介紹，只要有人跟她問起車子的事情，她馬上就推薦我，也跟她的親朋好友說，跟我買車很安心，都不用操心。

後來我跟這位大姊變得很像朋友，她最近才又介紹一台車給我，而且她也常常送親戚車子，都是跟我買，我後來也帶我太太和女兒去高雄讓她請吃海鮮，一聊就是一個下午，就像很好的朋友，至今認識十年了，她常說我的態度始終如一，都是笑咪咪很親切，沒看過我不耐煩的樣子。

這是我始終相信的，業務員的心態應該建立在「沒有奧客，只有奧業務」這個信念上，我認為**有什麼樣的業務員**，**就會有什麼樣的客戶**，客戶的行為都是業務員養成的。

你如果把他們當成奧客、用奧客的態度對待他們，久了之後你們就真的成為彼此的「**奧業務和奧客**」！因此面對每一位客戶的每一個問題都應該認真處理，不敷衍了事，就會發現其實他們都是你的貴客。

12 中古車學分

金句

業務要懂得推掉超出自己能力範圍的買賣，什麼訂單都接的結果，下場可能就是吃力又不討好！

很多年前有一位住在鳳山的客戶，他本身是開CEFIRO的車，他來店裡看車子看了很久，看了快一年。他會來看車是透過他姊夫介紹的，他姊夫以前是一個電視遊戲節目裡面很受歡迎的助理主持人，因為跟我買車而熟識。

這個客戶平常很少開車，因為大部分時間都在鳳山賣小吃，開車的機率不高，八年下來才開了七萬多公里，所以車子的油耗對他來說沒有太大的影響，是因為後來在台南買了房子，變成比較常回台南，因此開始常常會用到車，就想換我們的車。

他第一次看完車子回去之後，隔天他姊夫打電話給我，跟我說他那台CEFIRO要請我幫忙估一下。

我跟鳳山客戶聯絡之後，確定了他車子的年份和等級。一般來說，CEFIRO中古車的行情價不高，二〇〇〇年出廠的大概還估不到十萬元，因為車子油耗比較大，所以買的人比較少。後來車行估價八萬，但是他希望至少能賣十一萬，這個部分跟他持續溝通了二、三天，還是沒有達成共識。

幾天後他姊夫又打給我，我跟他說明整個狀況，如果他小舅子的堅持不能退讓的話，會很難處理。談完之後，我又打電話給鳳山客戶，詢問能不能不要堅持一定賣十一萬？結果他跟我說，昨天鳳山有人幫他估可以賣到十一萬。

我說：「沒關係，那就讓他們處理好了，中古車不一定要委託由我來賣，新車可以依照我們講好的條件。」結果我這樣一說，對方反而說，可是他很信任我，希望新車和舊車都是由我來處理。

我聽到這裡，就會合理的懷疑，他說別人估到十一萬可能只是一種談判的伎倆，希望逼我讓步，而不是真的。因為中古車都有一定的市場，**扣除掉車況特佳或**

是特糟的例子，一般來說行情不會落差太大，所以別家車商能夠估得那麼高，高到偏離行情的程度，這種可能性不大。

我問對方：「會不會是車商還沒看過車子就估了？」客戶說，車商把整部車子都看得很仔細，也試開過了。

我立刻明白了，這種狀況只有一個可能，就是：寄賣。通常車商和車主如果價差過大，會對車主建議：「如果想賣高一點的價錢，就用寄賣的方式，有賣掉才結款。」但是我這個客戶急著要換車，怎麼可能寄賣？

這時候就可以確定客戶是要了一點小心機，明明沒估到十一萬卻跟我說有十一萬。

有些業務會擔心中古車沒處理好，會連帶毀掉新車的訂單，因此就算估價再不合理，也不敢推掉，反而把不該負的責任攬在自己身上，一定要找到符合客戶要求的價位才成交，**這樣就作繭自縛了！**最後發覺還是無法達成對客戶的承諾時，反而會破壞了彼此信任的基礎。

我曾說過，幫客戶賣掉中古車，也是成交很重要的一環。但是不表示業務員對於不合理的條件就要通盤接受，**業務員應該有更專業的知識和能力來對客戶做出承諾，或者是拒絕！**

你一定要懂得判斷客戶說的話有幾分真假，哪些是談判的伎倆、哪些才是實情？了解得越透徹，才能做出越正確的判斷和行動。

有時候，**懂得推掉超出自己能力範圍的買賣，反而有可能成交！**什麼訂單都接的結果，下場可能就是吃力又不討好。

這個鳳山客戶堅持希望我幫他處理中古車，這時剛好我底下有一個業務以前待過中古車行，他一聽到這個案子就主動幫我詢問，找到可以出價到十萬以上的車商。我雖然覺得有點不太可能，但是也沒有時間多做確認，因為我那天剛好要去中原大學演講，是當天來回，所以先跟車主和車商約好下午三點到公司來看車子。

就在我要從中原大學搭高鐵回來的前十五分鐘，我的業務打電話來問我車子的年份，我說：「不是講過是二〇〇〇年的嗎？那一年CEFIRO的車子有分舊款和新款，他剛好買到舊款的最後一批。」

結果，中古車商搞錯了，他以為是新款的，所以才估那麼高，現在車商有點反悔了，但是我確定年份和車款都沒有報錯，車商說：「這台車最多只能估到九萬，不可能到十萬以上！」然後找了個藉口晃點，乾脆不來看車了。

我立刻打給我們公司對面跟我配合過的車商，他在電話裡也是回我，最多只能估到九萬。後來我還是請他務必來看一下車子，他來看時沒有當場開價，只是一直說：「不可能到十一萬、不可能到十一萬……」

我一聽就知道，這代表車商對這台車子不是很有興趣，**所以不想當場出價**，連九萬都不想出！於是我跟客戶說，不然你還是賣給鳳山的車商好了。

快四點時，鳳山客戶要離開前，新車的車款已經決定好了，但他說還要再回去考慮一下顏色，我當時還沒跟他收訂金，因為是認識的客戶的小舅子，而且車子是要買媽媽的名字，所以讓他先回去商量一下。

他才剛走，我們同一地區另一個車商就打來詢問我們公司一款車子的車價，他說台南市有個業務給他的優惠很好，問我能不能給？

我說不可能，公司有規定一定的回饋額度，超過會被罰款，因為這款車是公司很重視的主力車款之一，公司不希望它的市場價格太混亂。這個車商聽了不是很高興，他覺得我們那麼熟了，卻給他比外人更硬的條件，是不是欺負他啊？

這時我突然想起，他姊夫跟這個車商很熟，有跟這家車商提起過小舅子要買車，我立刻就聯想到我們講的是同一個客戶！於是我馬上找我們店經理陪同我一起去找這家車商，去他店裡聊聊、安撫他一下。

我跟車商說：「我給你的條件真的是最優惠的了，別家答應的配件和條件可能都不一樣，不見得會比我給的更便宜，而且我跟鳳山客戶已經講到快定案了，就等他回去處理好中古車就可以搞定了。」（意思是希望這個車商不要半途來攔截）

接近六點時，我接到他姊夫的電話，說鳳山的車行看到車上電視螢幕不是很清晰，又開始嫌東嫌西要減價，他們決定中古車還交由我處理比較好，只要賣十萬就好！

他姊夫會這麼說，主要是因為下午估車不太順利時，我跟客戶說還是去回找鳳山的車商好了，我們的車商最多只能估到十萬。

我本來是想說客戶可以請鳳山的車商處理，我就不需要再討論是九萬、十萬、還是十一萬的問題了，所以也沒有講得很精確，沒想到人算不如天算，事情又回到我身上來了！

本來只是隨口說說的，但既然已經講出去了最多估十萬，所以也不能逃避，還是得負責到底！

十萬元，距離車商開價的九萬還差了一萬，況且還不知道車商肯不肯收呢？如果他們不願意出到十萬，我恐怕真的會得罪客戶以及跟他姊夫之間的好交情了。

沒辦法，我只好又跟公司對面的車商討論，努力說服他，我跟他說：「雖然估這個價錢對車行來說有點高，而且油耗兇的車子市場需求不高，但是這台車的車況絕對物超所值，因為很少有看到像車主這樣很少開、又是**車庫車**（意思是大部分都放在車庫裡，沒有被風吹日曬雨淋），內裝也保持的很好，一定會讓你好脫手又賺錢的！」最後好不容易他才答應，勉為其難的簽了約，化解了一場危機。

其實中古車的處理很麻煩，每個業務多少都會碰到，最難處理的就是市場有很多種行情、沒有固定的價格可以依循，萬一沒處理好的話，連帶的麻煩問題會很多。

我記得在更早之前，還曾經處理過一台一九八九年的老賓士，那台車我們最多估七萬，客戶是人家介紹的，他已經相中我們剛推出的一款七人座柴油車，他也對我的介紹很滿意，談到付款的問題時，他說賓士中古車他會自己處理，因為有人估十七萬，我當下很高興不用擔這個責任，最後那台賓士還以高價十七．六萬賣掉！

主要是因為剛好有收藏家看上那台車，所以以高於市場行情甚多賣出，但如果是給一般車商去賣的話，是絕對不可能賣到那麼高行情的！

這就是中古車的市場，很混亂，也充斥著各種說法，我覺得身為業務員都應該好好修一門**「中古車買賣鑑價」**的學分。

要想成為一個好業務，就不能對中古車市場一竅不通、對中古車商不熟，每個業務都應該花時間了解一下整個中古車的概況、多去中古車行走動，了解他們的行業，因為它跟我們的銷售工作絕對是息息相關、不可分離的，**中古車學分修得好，對新車銷售一定有加分！**

Vol. 02

再遠也不怕，永遠都能找到阿貴

客戶的依賴是我的原動力，雖然做這些服務不一定對銷售有用，但是不做一定沒用！

13 好的業務是疑難雜症處理機 1

金句

成為客戶有困難時第一個想到的人，他們要買車時就不會想到別人！

我有一個客戶在麥寮六輕，他們公司規模很大，十一年前就開始跟我買柴油休旅車，最多一次跟我買十台，不過都是用租賃的方式，所以每三年就換一台，但是我其實沒有賺到什麼業務獎金，因為是租賃的，所以買新車時我沒有什麼利潤、第二年也沒有保險費可以收，租賃的保險都是一次綁三年，含在租金裡。

然後三年到期要賣到中古車行，都是我幫他們賣掉的，賣中古車我也沒有抽成，這十年來只有每次在辦理新車租賃時有一點點獎金，但是租賃的獎金不會去計算累積季獎金那些，就是單看這台車有沒有賺個三、五千而已，後面還要服務三年，所以大部分的時間我其實都跟川普一樣是在白宮（工），純服務而已。

十年前，我賣第一台休旅車給這家公司老闆娘的時候，不知道麥寮六輕那邊有規定車子一定要加裝滅煙器，我還是第一次聽到滅煙器這種東西，還以為是滅音器講錯了，結果不是，是車子在進入麥寮之前排氣管要先滅煙，怕有火星會引起火災，所以一定要加裝滅煙器。

但是我們家每台車都沒有裝所謂的滅煙器，我問過所有前輩，他們也都沒有聽過什麼滅煙器，連長什麼樣子都不知道！

因為當時我們還沒有引進貨車，後來我想到也許可以問問有貨車的車商，就去問了中華汽車，他們果真知道滅煙器，但是沒有賣我們這種休旅車的規格，我只好拜託他們提供我樣式圖，再把圖拿給做不鏽鋼的姊夫看，請他按照我們車子的規格來打造一個，然後自己再ＤＩＹ裝上去，可能從那次之後老闆娘就很信任我。

他們生意做得很大，這個老闆娘也許就是太精明幹練了，不是那麼好相處，她唯一就是很信任我，所以從認識我之後，大大小小的事情都會來找我幫忙處理，不只是車子的相關事情，連沾不上邊的事情也來問我。

像他們公司的堆高機要刻一張貼紙，那個貼紙上面就只有他們公司的名稱、兩個字而已，大概是三十公分的大小，刻白色的字體，就這麼一件很小的東西，她打來請我幫她刻，我就幫她找廠商刻好，兩個字八十塊錢而已，刻好後我說幫她寄去麥寮，就不用跑來跑去，但是她說晚上要自己來拿。

她雖然是住在台南市區，不過離我們鄉下還有一大段距離，所以她一點也不順路的從麥寮開車來台南佳里找我拿貼紙，到我們公司時已經晚上快九點了，拿了貼紙問我多少錢？我說：「不用了，才八十塊而已，還真不曉得要怎麼收耶？」她說八十塊也是要給你，把錢給我之後就走了。

她也不只一次這樣專程千里迢迢，有一次要買堆高機車上用的電池（電瓶），是比較大型的電池，也請我在這邊買，再特別從麥寮來載回去，我當時就覺得很納悶：「老闆娘，妳直接在麥寮那裡買就可以啦，不是更方便嗎？妳一趟路從麥寮到台南佳里來回，光是油錢和時間成本就不知道浪費多少了。」但她就是信任我，所以什麼事情都想找我，**已經跟錢無關了**。

就連保養車子、換機油也一樣，每次都從麥寮六輕跑到我們佳里來，有一次她打電話來說他們貨車的引擎號碼都銹蝕了（麥寮六輕鹽分很高，很容易生鏽），一年要驗車一次，現在沒有引擎號碼無法驗車，所以要重新打印，請我想辦法。

但是那台貨車不是我們家的，我們當時還沒有貨車，所以是跟其他品牌買的，而且那個品牌已經轉手易主了，其實他們之前有打去問接手的新公司，可是人家沒有理她，因為太麻煩了，說他們無法幫忙就回絕了，於是老闆娘又來找我。

可是這個問題我也不懂啊，要怎麼處理也毫無頭緒，只好到處找人問、又去找資料研究，才發覺這個問題真的是很複雜，會牽涉到很多單位都要跑公文、過資料。

但是老闆娘已經很習慣直接把問題丟給我，我就要負責去幫她處理好，而且重點是我打電話回報她的時候，都要講得非常簡單容易，不然她沒耐性也沒時間去聽你講那麼多，因為她非常忙，然後又不太會用line，有時候要請她提供一些文件資料什麼的，可能拍照傳line就可以了，但是她不會弄，我就必須要教她，可是電話遙控教她又不是那麼容易的事，常常講一講她就說給會計去弄，然後我必須重新跟會計聯絡，說老闆娘交代要什麼資料，把我的mail給她，她再回傳給我，常常在外面忙到一半，還要想辦法找人幫忙印出來，諸如此類的事情很多。

要重新打印引擎號碼，**必須先找出原車廠，再連絡監理站和環保署**，但是因為已經找不到那家汽車公司可以去監理站送公文了，只能自己來寫公文，但是我也不知道怎麼寫，就又跑去監理站問清楚公文的格式，回去後再慢慢寫，因為不是讀文科的，寫得很慢，有時候寫一寫就到半夜去了。

再來還要把貨車拖到那家汽車公司去，偏偏那家公司當時已經在整編，收掉很多經銷商，他們之前買車的那家店也是其中之一，於是我又到處打聽，才總算輾轉找到他們以前的一個廠長說願意幫我。

終於打印好引擎號碼之後，要驗車還要幫她跑環保署，因為這是公司用車、又是在麥寮六輕，所以規定非常繁瑣，整個過程就是到處問、到處跑，去一堆單位填資料送件，有些公家單位文件往返還很囉唆，也很耗時，但即使是這麼麻煩的事，最後也終於讓我搞定了！不過搞定後大概只能撐個二、三年，因為會繼續銹蝕，二年後又要重來一遍這個流程。

這個客戶我已經服務十年了，沒有斷過，重點是做這些事全部都沒有業績、也沒有服務費喔，**講真的這台貨車還不是我們家的**，跟我的業務工作也毫無關係，完全超出一般業務員能處理的範圍，雖然我跟老闆娘很好，就好像自己的大姊一樣，她這麼信賴我，有困難都來問我，我也很感謝，但是有時候這種有求必應也有不小的壓力。

有一次她打給我，一開口就說：「那個阿貴，能不能八點半來家裡牽車？我老公從台中回來，下午要用車，中午十二點前要開回來。」

她打來是星期六，老公從外地回來要去按摩，因為忙累了二、三個禮拜才回家一趟，加上他的筋骨不好，所以回家第一件事就是固定去指定的師傅那邊鬆一下筋骨，而那個師父很難約，所以老闆娘要求一定要這個時間把車開回去。

牽車做什麼？牽回來做保養和洗車，好給老公使用，然後在指定時間內再幫她開回去，通常她的這種電話都很臨時，而且不管是不是星期六、日，我都要隨傳隨到，當然我的服務是絕對可以做到，但是保養廠的師傅就不見得能配合了，我們的保養廠之前一例一休時假日就都不營業了，我只好去找還有營業的店，拜託那家店讓我臨時插隊，還要趕在時限前去還車，時間壓力很大，幾乎搞到人仰馬翻。

想一想，我還真的是很好吩咐，不是只有好配合而已喔，我對客戶從來不會說NO，不會因為他們買車的實力而有分別、客戶也不會分大小，像這個老闆娘都是用租購的，我根本沒賺到什麼業績獎金，但是服務一樣不打折扣，再遠也一樣，雖然壓力大，但是能做到的我不會推卸，因為我相信這就是我跟其他業務不一樣的地方！所以客戶有困難時第一個會想到我，也信任我能幫他們解決，他們日後有需要買車時，會第一個想起誰呢？

好的業務是疑難雜症處理機，這是我深深的體會，不同客戶有各種不同的問題和需求，如果本身專業能力不夠，還無法成為客戶所需要和仰賴的人呢。

14 好的業務是疑難雜症處理機 2

金句

我做了很多「自找麻煩」的傻事，表面上看起來很花時間又沒賺錢，但是日後你會獲得更多！

有一對情侶在中秋節來看車，本來他們打算只是進來稍微看一下就走，因為他們車上還放著烤肉材料、朋友也在車上等他們，但我還是很詳細的講解，他們越聽越有興趣，講到朋友都來催了：「你們到底是有沒有要跟人家買？不買就趕快走了，那邊木炭都架好了，肉還沒到！」

於是他們就先離開了，隔天那個女生傳line問我，如果她信用不好可不可以買車？我就開始跟她大概了解一下狀況，她接著說，這件事不能讓男朋友知道，這是之前欠的錢，剩下沒多少了，一直都有在還，不想讓男朋友知道她信用有問題。

我說：「這樣的話妳就不能掛車主。」可是偏偏她一定要掛車主，主要是男朋友會出錢，但是要求掛在她名下，因為他們家有殘障手冊可以免稅（那個殘障手冊是她弟弟的）。

我說：「那就掛你們家其他人當車主呢？」她說她男友不希望是掛她以外的人，畢竟他要出錢，怕以後扯不清。

我說：「這樣有點困難，車主不能掛妳、又不能掛妳家人、又希望能用殘障購車免稅、又不能讓男友知道信用有問題……」

「唯一可能就是掛妳弟弟的名字，由妳去說服男友同意，而且如果考慮到妳以後可能會嫁人，妳一旦結婚、戶籍變更，妳也不能享有免稅的福利了，所以一開始就掛弟弟的名字最好。」我當時還不知道弟弟是哪一種殘障，以為是四肢方面的，不知道竟然是智能不足那一種。

接著，她丟一個難題給我，她希望我能在她男友面前幫她演一齣戲，要我有一個講法去說服男友為何不能掛她的名字、要改掛弟弟的名字？而且要說服到他同意。這簡直比演戲還難，我也只好照辦，沒想到還真的讓我給說服成功。

接下來比較困難的是，後來才知道弟弟是智能不足，這樣貸款很不好辦，要認真追究的話，弟弟是不能辦貸款的，因為銀行可以說他智能不足，簽的名不算數。可是當面看弟弟的感覺是不覺得有怎麼樣，就是講話會有些遲鈍、讓人有點聽不太懂，他智能可能只到國小而已，但是有在上班喔，是在一間大工廠當作業員，都是做很簡單的工作，也做了四、五年。

雖然有在上班、當面看也沒有特別異樣，但是一講話就聽出來了，因為他連自己的身分證字號都講不出來，重點是銀行的徵信人員身經百戰，他們在電話徵信時，怎麼可能會不知道這個客戶是不是有點怪怪的？徵信人員說：「你說他不是爬帶（智能不足的台語）是什麼？那你講給我聽他為什麼會怎樣怎樣……」

我就說他只是講話會咬舌（台語）、會口吃這樣子而已，好在我們跟銀行關係一直都很不錯，這時銀行主管說，不然他可以專程從屏東跑來跟弟弟當面做一下對保和check。

這又是一個難題了！**如果讓他當面check，那還有救嗎？**但是想來想去好像也沒有別的辦法，所以還是硬著頭皮跟銀行主管約來對保，我們跟他家人講好、也約好大約六點時到他家，結果等了半小時他都沒回家，因為他本身沒有手機，所以也連絡不到他，每次要跟他聯繫，都是姊姊把手機借給他拿去公司聽的，當下我就傳line給姊姊，跟她說這個情況，她說她還在外面，也不知道弟弟怎麼回事？跟我說要不然你們直接到他公司去找人好了。

我跟銀行主管就開車到他們公司，他們那家工廠還蠻大一間的，我先請銀行主管和業務不要出現、在車上等我，要不然人家看你們穿一身景行廳男孩的黑衣，還以為是來討債的，會有戒心。

然後我就到守衛室，跟警衛說要找林志凱（化名），警衛竟然跟我說沒這個人！我猜想是因為他們公司太大、太多部門、生產線也很多，他不知道你講的是哪一個部門，他可能只知道綽號，不知道全名，所以就說沒這個人。

我正在想說要問姊姊怎麼找他時，銀行主管和業務等得不耐煩也跑來看了，警衛一看到這麼多人出現，就開始警戒起來，問說你們都是幹什麼的？來找他幹嘛？我一邊跟守衛安撫說我是他家人，一邊立刻打給他姊姊，問他騎哪部摩托車、車號和顏色，剛好停車棚就在警衛室旁邊，我立刻指給警衛說就是那一台，五一七、銀色的車，請幫我找志凱！

他才相信我們是認識的，我很誠懇地跟他拜託：「坦白跟你說，那個志凱的姊姊買了一台車，聯絡人是寫他，需要請他出來讓銀行的人check一下，只是這樣而已，他們都是銀行的人，其中一位是主管。」

他看我這麼誠懇，於是非常熱心的說要進去幫我找人，然後把守門口的重責大任委託給我，他自己就進去工廠裡面找弟弟了，這期間我還一直擔心，如果被他們公司主管發現警衛室是我在代管，警衛大哥不知道會不會被記怠忽職守？

幸好沒多久他就出現了，還真的把弟弟給帶出來了，然後接下來就要面對面check了，怎麼辦？我趕緊快步上前先跑到他身邊，我怕他不知道那些穿黑西裝的人是誰，會受到驚嚇，因為他如果看到不認識的人會很防備，我先跟他輕聲說：「那兩個叔叔都是銀行的人喔，他們會問你一些很簡單、很基本的問題，你不要怕，好好回答他們就可以了。」

跟他交代完這些事情，其實我也不知道他會如何反應，只能看狀況來應變了，接著銀行襄理就問了幾句話，他除了答得慢一點，其他都還算正常，問完之後我說：「這樣子可以了喔？」然後襄理突然又冒出一句不按牌理出牌的話：「你怎麼沒去當兵？」

對他來說這個問題很複雜，也有點困難，我雖然捏了一把冷汗，但是不能代替他回答、也不能給他做暗號，好加在他記得自己是因為體檢沒過，就很簡單的回說：「沒過。」襄理點點頭，算是通過了！

但是接下來又出現一個難題，這次換姊姊的男朋友說一定要有車庫才要交車，因為他不要新車停在外面風水雨打，所以要等他們找到可以停車的地方，才要完成這筆訂單。

但是姊姊和男友一起住的地方是租的、一間類似鐵皮屋的矮房子，雖然門口就是大馬路可以隨便停車，因為在鄉下地方，大家都是停路邊或門口，但是男友不同意，他堅持要找車庫來停。

問題是在台南關廟那種地方，比我們更鄉下，只有都會區才有人蓋停車場，鄉下地方幾乎沒有人蓋車庫，更別說是專門用來出租的停車場了！他又要求車庫要找在他住家附近，不能太遠，不然開車不方便，簡直是難上加難！

於是我每天都打電話詢問所有在當地有關係的人，問有沒有人知道哪裡有這種車庫出租？然後一有空就開車到處去繞，看看有沒有停車場或是車庫出租，想當然是不可能有的！根本沒有人蓋車庫，因為不會有人願意花錢去停在那種地方，路邊停一停就很方便了。

我後來幫他們想到一個辦法，是不是乾脆直接找那種有車庫的房子來租算了？他們也同意了，但是要符合他們的租屋預算、又不能離上班地點太遠。姊姊一個月只有三、四千元的預算，加上現在又要買車子，雖然買車子的頭款大部分都是男朋友出的，但是貸款要自己繳，而且其他花費都是共同負擔，還有一個他男朋友不知道的卡債，這些都是她的負擔。

我聽完之後心裡有個底，就開始幫他們找房子，我和太太一起開車在他們希望的區域附近到處繞、到處看房子，只要有貼紅紙的我就抄起來，然後跟太太分頭打電話詢價、問房子狀況，不只開車繞，連591和其他租屋網什麼的，我都幫他們看了，找了好久好久，從中秋節過後沒多久，我跟我太太兩個人連假日都去看房子，一直到十二月底才終於找到一個四樓透天厝、有一個車庫，但是租金要一萬元，超出他們預算，我又去跟對方殺價，一直殺到七千元才成交。

但是這個房子雖然條件都符合，不過它的大門是故意做得很歐洲風，是一個小小的矮門，很漂亮，但是一腳就能跨進去那種，他們說這樣沒有安全感，於是我又去連繫屋主，屋主回覆要改裝自己處理，費用再來報備，我就立刻請人幫忙改好大門，他們這才歡歡喜喜地搬進去。

但是有一點我太太一直不知道，後來這間房子是透過仲介簽下來的，成交後仲介費要租金的一半，那三千五是我自己掏腰包付的，其實這個案子我從頭到尾幾乎沒賺什麼錢，很多人會問：「既然又累又沒賺錢，**你為什麼堅持一定要完成這個案子呢？**」

因為就像另一個宅男的故事裡面說的，我有一個原則，就是只要客戶跟我下訂了，我就會堅持到底、努力完成訂單，盡量不讓他退訂。表面上看起來很花時間又沒賺錢，**但是日後你會獲得更多！**我敢打包票，以後他有親戚朋友要買車，他絕對不會介紹給別人，我有很多人脈和樁腳都是這樣來的！

我做了很多這種別人認為是「自找麻煩」的傻事，因為我希望帶給客戶更好的購車感受，讓他們知道我把他們的事情當成第一優先，就像在處理自己的事情一樣，這是我的態度。

15 不只是業務，更是客戶的理財顧問 1

金句

讓自己專業提升，不管是幫客戶理財、精省，或者是理債，都能讓客戶因為跟你合作而獲益。

有很多例子都證明，一個能夠賺到大錢的好業務，絕對不會是一個只顧到自己業績、一心只想著要快點成交的人！他一定會把客戶的利益和風險也一起考慮進去，**在成交的同時也能讓客戶因此而獲益**。

獲益，有時候可能是讓客戶賺到錢、有時候可能是省錢、有時候是幫客戶解決問題，甚至是幫客戶解決債務問題。我過去所接觸過的客戶，有很多都不是買車條件很好的人，有些人有負債或卡債、有些收入很不穩定、有些剛出社會沒存款、有些生意失敗都快跑路了！經常遇到客戶能拿出來的錢不多、信用也有瑕疵、甚至信用破產的也有！**那種錢已都經準備好、只等著你來賣車給他的客戶是少之又少。**

所以當我開始幫客戶規劃辦理貸款的同時，我的角色就像是他們的理財顧問，不是只有賣車和領牌交車而已，要先替客戶解決他們的財務困難，才有可能順利成交。

我記得多年前有一位住在白河的駱先生想要買車，他因為卡債的問題而遭到銀行強制停卡，導致信用破產，而他太太則是一張白紙，沒有任何借貸的記錄，雖然是這樣，但是就算張先生想要用他太太的名義來貸款也有困難，因為十間銀行裡有九間會連同配偶的信用狀況都一起徵信，不管誰是車主，都會查到他的信用有問題，所以他們夫妻是不能直接辦貸款的。

駱先生看起來大約四十多歲，本身在建築工地當工人，而他們家則是做園藝生意的，賣花苗、樹苗那一類，他想換車是為了做生意需要載工具。他有一台很舊的貨車是三菱威利八百c.c.的，據我觀察車齡已經超過十五年了，真的是非常老舊，還常常拋錨。

他父親失聰，母親已經六十多歲，沒有其他的兄弟姊妹，房子是他母親的，我幫他衡量過之後，看來只能由他母親出面貸款比較有可能通過了，但是銀行貸款也有規定年紀不能超過六十五歲，越接近六十五歲的上限，銀行就越怕客戶年紀太大會有什麼狀況、越不願意核貸，因此要辦貸款也得趁這幾年。

我跟他談好之後，要利用中午他父親午睡的那兩個小時空檔去他家談，他說最好趁他父親睡覺時沒發現，不然百分之二百會反對他買車！而為了要請他母親幫忙辦貸款，一定得要利用午睡的那兩個小時趕快搞定，不然就很麻煩了。

在他家當他母親的面把所有細節都談完之後，駱先生還是沒辦法說服母親幫他作保、辦貸款，他母親丟下一句：「不要，要辦自己去辦。」就站起來走出去了，留下我跟駱先生和太太三個人杵在那裡，很尷尬。

他母親出門後，我一直思索剛剛的談話過程，也大致了解了他母親對駱先生過去的卡債問題不是很諒解，似乎覺得自己兒子前債未清，又要搞什麼貸款買車，感覺債務的洞越來越大！所以有這種反應也是正常的。

我知道這是一般人的思考角度，因此決定從另一個角度來分析讓他母親了解。他母親隔了二、三分鐘左右又回到屋內，看起來還是不太高興，於是我就跟她說：

「伯母，您先不要生氣，我先報一點好康的給您聽，就當作是聊天聽一聽也好。」我先緩和她的情緒，轉移一下話題，**不要一直在作保、貸款上面周旋。**

剛好那時候我們公司有推一個優惠方案，低頭款一萬元就可以交車了，我用台語跟她說：「現在是買車最優惠的時候，駱大哥那台車都已經開十幾年了，他每天都要往返工地工作，卻開一台這麼危險的老車，如果半路拋錨出了事情，財物損失就算了，萬一人有怎麼樣，那就真的是千金萬金也難以挽回了……」

「那麼舊的車還能再開多久？等到完全拋錨不能用了也是一定得買新車啊，而且拋錨的事情很難講，也許再開個幾年、也許明天就拋錨，但會是哪時候誰都說不準，趁現在車子還沒出大問題，加上是買車最划算的時候，不如考慮一下？**只要一萬元就能交車、利息又低，比跟會還划算！**不讓他現在買，以後買一定是更貴，每天還要擔心老車半路拋錨……」

聽到後來，他母親已經明顯態度軟化了，她主動回頭問駱先生要不要買？要就開始辦一辦吧！就這樣，我很快就在當場幫他們完成對保手續，辦完就離開，前後還沒超過他父親午睡的那兩個小時！

曾經還有一位客戶盧先生是先去看過T牌的車，再過來我們這裡看車的。我跟他談完車之後，發現他**從頭到尾沒有一款喜歡的**！

他不是因為喜歡我們的品牌或是車子的外型而進來看車，我們的車子一直都不是他的首選，從內裝的顏色到配備他都不喜歡！我看他似乎神情有異，於是關心的多問了幾句，他這才跟我說他本來都已經決定要買T牌的車了，但是在T牌營業所那裡受了很多氣，本想回家去算了，後來經過我們營業所，於是進來看一看，並非想參考我們的車子，只是因為受氣而隨意逛逛，平撫一下剛剛的心情。

我請他坐下來喝茶慢慢聊，在談的時候我很技巧的順帶問一些相關的條件問題，因為那跟貸款有關，所以一定要多了解，不能迴避或不好意思問。通常客戶如果是用現金買車，那就簡單多了，只要問怎麼付款就好了，但大部分的客戶都是貸款買車，所以能不能辦貸款就很重要了。

我說過我不會去判斷客戶要不要買，但會在談話中先分析他可不可以買車再來招攬，以免後面都談好了結果才發現卡在貸款條件不過，那對客戶來說也是很大的打擊，所以如果有可能被銀行刁難或拒絕的貸款，我都有義務要先幫客戶過濾或處理。

聊了一會兒貸款的條件之後，盧先生才跟我說剛剛在T牌那裡是如何被看輕的整個過程。

他說，對方業務問他貸款條件，盧先生很老實的跟業務說他之前有欠稅的問題，不知道這樣還能不能貸款？或是能貸多少？那個業務可能對這方面不是很懂，於是請主管出來協助一起談。

但是主管出來之後的態度讓他更感冒，那個業務人員因為已經接洽過了，所以對盧先生的狀況比較熟悉，但他們主管剛過來認識客戶，對客戶不熟悉，所以要盧先生把所有事情從頭說一遍，連業務給他的資料也不先看一下，所有的基本資料都要盧先生重新回答一遍，感覺很草率。

接著，那個主管聽完盧先生說的欠稅問題後，面無表情的就直接說盧先生不能辦貸款，也沒做任何說明，連去問一下銀行都沒有，讓盧先生感覺對方狗眼看人低，心裡很受傷。

我一聽他這樣說，就跟他問了更多的細節，了解之後才發現客戶並不是不能貸款！盧先生的信用一直都是正常的，他坦承有欠國稅局的錢，雖然說基本上欠國稅局的錢就無法辦貸款，但是當時的情況是：盧先生以前是在新竹開水電工程行的，是公司的負責人，他當時請一個會計師做帳，有一次被國稅局通知還有欠繳營業稅，但是會計師沒有處理好補稅的事情，以至於一直有個記錄。而T牌的主管只聽到這裡，連多了解一點的耐性都沒有，就直接說只要有欠稅就不可能！還斬釘截說他辦過很多件，保證過不了！

可是，他們忽略了很重要的一點：**盧先生到底是欠了多少稅？**

我請他立即去查詢，得知只欠國稅局三千多元而已，補繳完就可以辦貸款了！客戶沒繳是因為會計師沒處理好，其實自己也不太知道金額。

就這樣，客戶很開心的買了一開始他並沒打算要買的車子，而且後來我們還變成很好的朋友，他跟我買的那台車開了三、四年之後，又來換我們的休旅車，一直開到現在。

整件事情最重要的兩個重點就是：**專業知識和態度**！因為T牌的主管不夠了解國稅局和銀行的相關規定，只死記一個大原則，沒有更深入去查證和了解，以致給人態度輕率、狗眼看人低的不好感受，我才有這個機會。

有時候我會很感謝其他品牌的業務員沒有注意到自己的態度不夠好，讓客戶感覺受到歧視或忽略，這樣才讓一直都很弱勢的我們有機會替客戶服務、進而喜歡上我們的品牌，並成為死忠的客戶。

以這件事來說，就像我常說的，為什麼我喜歡看CSI影集？因為這跟你培養獨到的觀察力和鉅細靡遺的求證精神很有關連！我在跟客戶談車子時，不但要眼觀四面、耳聽八方，還要很注意客戶的每個細微反應、要懂得抽絲剝繭看出問題，從客戶進來之後我的眼光就不會離開客戶，客戶說的每一句話對我來說都很重要，從來不會聽聽就算了！我也相信只要不放棄，永遠都有機會！

再來說到另一個重點：**專業知識**。

有足夠的專業知識，才能扮演好客戶的財務顧問、理債顧問、貸款顧問，甚至是生活顧問！雖然有時候隔行如隔山，要什麼都懂真的很難，但是我知道辦貸款跟客戶可不可以買車有很絕對的關係，所以我會花很多時間勤跑銀行，還不只跑一家，我會不斷去了解各種貸款的條件和限制，努力充實自己的金融知識，也會跟銀行的人混熟之後請教他們各種利率計算差異、各種方案的優劣、節稅的方式、和銀行談判的訣竅……等等，到後來連很多資深行員才會知道的關鍵點，我也越來越懂，而貸款結果也常常會差很多。

具備這些專業，才有辦法為客戶做更好的服務、解決他們的困難，成交才會更順利，我也因此完成過許多業界公認根本是不可能的案子。

16 不只是業務，更是客戶的理財顧問 2

金句

不只幫客戶理財，更要幫他們理債！

有些客戶本身條件不好，可能經濟沒那麼寬裕、或是沒有固定正職、也可能身上背負了很多債務，很多業務會害怕遇見這種客戶，認為要賣車子給他們太困難，貸款幾乎都不會過，所以乾脆直接拒絕。

但是我認為只要他們對車子有需求，就應該想辦法幫他們解決問題，**能力好的是客戶，狀況不好的也是客戶**，不能因為這樣就打退堂鼓。

我曾經成交過一個很棘手的訂單，當年還在業界廣為流傳，成為很多汽車業務員的教材範本。

這個客戶是兩張信用卡都被強迫停卡、信用破產的上班族，而且案情還錯綜複雜，能夠成功賣車給她簡直是不可能的任務。

這位在鎮公所上班的何小姐，曾經有過兩張信用卡，但因為種種原因還不出錢，兩張卡都被強停結清。何小姐分別是在要買車的前一年和前二年才把卡債還清，但是在聯徵中心她被強停的不良紀錄要滿三年才會消除（這是當時的情況，現在要看金管會跟銀行之間的規定有無變更），而在授信異常的紀錄被消除之前，任何一家銀行都不會貸款給她。

雖然她已經把卡債結清了，但因為是被強停的關係，所以銀行全都拒絕她，除非她是用現金買車，不然沒有別的辦法。但是她薪水很低，還完卡債後更拮据了，哪可能用現金一次付清來買車？

她在幾個業務那裡碰壁之後找上我，我了解她全部的狀況之後，決定用另一種方式去跟貸款銀行商量。

我跟銀行說：「何小姐是有正當工作的人，而且她的工作還是有穩定收入的公務員、是鐵飯碗！她不會逃避償還的，希望銀行能給我們一個變通的辦法。」

當時我是幫她找慶豐銀行承貸，銀行的放款經理一查之後說：「何小姐在聯徵中心有信用異常，我不知道她信用卡有沒有還完？（銀行這端看不到還款紀錄，只能看到兩張信用卡的不良紀錄），如果你能附上信用卡的清償證明，我才能確認何小姐確實還完了。」

但是，在銀行徵信後發現除了這兩個紀錄外，何小姐名下竟然又冒出一筆融資公司的車貸呆帳未清！加上她沒有任何擔保品、薪水又低，銀行說，要貸款給她根本不可能！

我又再度去找何小姐聊聊，詳細問她這件事情的來龍去脈，才知道原來是何小姐幾年前幫哥哥做車貸的保人，不是她自己的貸款，後來她哥哥的車子轉賣給別人了，所以她根本不知道自己名下還有這筆欠款，並非刻意隱瞞。

這麼一聽，我就更百思不得其解了！因為只要能夠過戶給別人，就代表沒有欠銀行的錢了，那怎麼可能還會有一筆呆帳呢？

我又再更深入追蹤之後，才發現當年她哥哥因為車貸繳不出來，於是主動連絡辦理車貸的融資公司，希望融資公司能先幫他出示同意書，讓他把車子賣掉過戶給別人，再把賣車所得的錢拿來還貸款。

他當時對融資公司承諾一定會還錢，但是如果他們不願意通融，那他就乾脆拒繳貸款算了，也說絕對會讓他們從此找不到車子、無法扣押抵債。而融資公司竟然也答應了，並且出示同意書讓他順利過戶。

後來，她哥哥雖然有依照約定把錢還給融資公司，但是根本不足所欠的錢，還有二十五萬沒還清，於是一筆呆帳就這樣一直掛到現在。

全盤了解之後，我又去跟銀行多次協商，我跟經理說，如果我有辦法讓她拿到「恢復貸款」的證明呢？雖然我根本沒把握能否讓那家融資公司出具證明，而且必須由融資公司出面把聯徵中心授信異常的紀錄給劃掉消除，但一定要先跟銀行經理協商好，我才能往下進行。

經過一番說服，銀行經理終於同意如果我們能附上二張信用卡的清償證明，再加上融資公司出示恢復貸款的證明，就願意貸款給何小姐。（大部分的銀行不管你有沒有清償證明，只要看到你紀錄不良就拒絕了，**這完全是協商出來的**）

取得銀行的承諾後，我決定從源頭來開始解決問題，我跟何小姐說：「妳能不能同意由我代表妳，去跟當初那家融資公司談看看狀況如何？」何小姐說好。

雖然說要去幫何小姐談，但聯徵中心的清償證明還好申請，不過融資公司那筆呆帳已經積欠多年，到後來**利滾利滾都累積到四十五萬多了！**這簡直是一筆天文數字，非常不利於我的客戶，我根本沒把握對方會答應讓客戶恢復貸款。

我苦思跟融資公司談判的對策，我以自己對他們業務體系的了解，試著站在他們的立場思考，知道對融資公司來說能把錢收回來才有業績，因此他們一定有業績壓力，也許這一點會對我們有利。

我打去跟他們法務說我是何小姐的表哥，我不能表明自己是汽車公司的人、何小姐想要買車，因為如果對方知道我們的目的，就更不可能同意我的提議了。一開始融資公司法務一直希望是跟她本人談，我說她不方便出面，因此委託我來談。

我說：「我知道你們找這一件已經找很久了、催收很多年了，今天何小姐是主動出面願意償還這筆呆帳，這樣的人已經很不錯了，算是你們公司撿到了！但這筆錢實在太大，完全超出她的能力，希望能討論一個方式讓何小姐順利清償債務、恢復貸款。」

講了半天，法務說要跟公司討論，之後回覆：「我跟公司講好了，可以不算她二十萬的利息，但是二十五萬要一次還清。」

我說：「她本人就是因為能力不足，才會一直欠這麼多年，但她今天很有心想要好好還錢、把信用恢復，之前她用二、三年的時間把二張信用卡的欠款都結清了，代表她是個很負責任的人，你這筆錢那麼大，她只是一個上班族、小雇員而已，怎麼可能一次還清？如果有辦法一次還，還需要跟你談嗎？這是不可能的事，如果真要這樣，那讓你們繼續去找不到人好了，就當我沒打這通電話……」

法務一聽又再去跟公司談，再回覆：「那不然分十二期好了。」

我說：「十二期，一個月就要二萬多塊，她小雇員一個月薪水也不過就二萬多一點，那薪水全都給你們就好了啊，你覺得她拿得出來嗎？而且你們已經催收好多年了，委託外面的催收公司也要付錢吧？就算收到大概也只能拿回三成左右的錢，比何小姐願意還的錢還要少！……」

講到這裡法務比較軟化了，再跟公司討論後說：「不然分成二年還清。」

我說：「還是不行，壓力還是太大了。」

最後，經過多次的斡旋和談判，終於敲定分成三十期、零利率還完，何小姐立刻同意了。

我又跟法務說：「何小姐一定會準時還錢，但你這個案子都已經放給外面的催收公司了，所以你們必須先出示恢復貸款同意書，註銷聯徵記錄之後，她才開始還款，否則我不能信任你的承諾……」後來對方真的寄了一份同意恢復貸款的公文來，也把聯徵中心的紀錄消除了。

就這樣，何小姐的新車貸款順利辦好，我也成功將車子賣給她，還順便幫她解決了一樁多年的呆帳問題，對何小姐來說，**我確實就是她的理債顧問**，而不只是一個業務員。

要成為客戶所信賴的理財或理債顧問，也不是一件很簡單或是能速成的事情。

首先，業務員接觸的個案和處理經驗要夠多，才有能力理解客戶的問題是出在哪裡？並且幫客戶找出最好的解決方式。再來，在業務和金融相關領域上的知識和專業性一定要很足夠。

就好比這個案子，如果我不夠了解銀行、催收公司以及融資公司的運作方式和合作關係，就不會知道如何跟他們進行談判、如何找到雙方都在意的關鍵點來進行說服和協商，何小姐的case就絕對不可能順利談成。

所以在幫客戶辦理貸款時，你要很有經驗，也不要一被銀行拒絕就打退堂鼓，很多事情都是協商出來的結果，**甚至需要經過多次協商**，才能達到最接近理想的結果，也才能幫客戶爭取到最有利的貸款方式。

17 獨創的「購車計畫書」

金句

表格本身沒有什麼了不起的學問，但是要會用、懂得用，才有效果。

早期我去外面演講的時候都會談到**「購車計畫書」**這個東西。我每次跟底下聽演講的人問：「你們有買現代車的人請舉手。」絕對是沒有人舉手！

接著我再問：「不管你們買什麼廠牌的車子，有拿過購車計畫書的請舉手。」還是沒有人！

只有一次，我應邀去台灣櫻花廚具公司演講，台下聽眾全部都是經銷商，有個老闆就舉手說他曾經有看過，他是開賓士的，那是我印象中唯一的一次。

我做業務這麼久以來，很清楚國產車的業務幾乎都沒有給客戶「購車計畫書」

的習慣，有些進口車有提供類似的計劃書，但跟我所設計的計劃書還是不太一樣，多半還是使用比較制式的表格來充當「購車計畫書」。

我認為，**「購車計畫書」也是一種很重要的態度！**

我自己設計了一款獨有的「購車計畫書」，通常把「購車計畫書」傳給客戶看之後，輸贏立見！對方可以感覺到我準備得很充足、很專業，再加上我的聲音魅力、講話的輕重緩急在，所以即使很多客戶未曾謀面、或是陌生的來店客，透過「購車計畫書」和我的解說，都會對我產生信賴感，大大增加成交率。

還有很多客戶跟我說，我的「購車計畫書」給他們很好的感受，就像全國電子一樣「揪甘心」，感受到我跟其他業務員很不一樣！甚至已經開始有一些業務員如法炮製、仿效我的「購車計畫書」了，只是格式跟我的不太一樣，細節和問題的方式也不太一樣。

大部分業務員大概就是把保險、配件、貸款準備的資料……等，寫在一張A4的紙上，但是我的「購車計畫書」多了很多欄位項目，每個欄位我都寫得非常整齊、欄位也比較齊全，所有客戶會想了解或在意的問題，計劃書上面幾乎都有，讓客戶一目了然，不會只是聽業務空口說白話。

我甚至會按照客戶的經濟能力來規劃一套適合他們的「購車計畫書」，還要分析客戶的現況，讓他們知道為何我所規劃的內容是對他們最有利的，包括貸款方式、條件，連如何保養車輛、如何節省保養費用，也都要一併介紹清楚，讓客戶了解其實買一部車容易、養一部車也很容易！這樣才能幫自己爭取到雙贏的訂單。

「購車計畫書」為什麼很重要？過去大部分的業務跟客戶談購車的過程中，通常都是嘴巴說、然後紙上寫一寫，就算談定了。但是如果沒有使用有系統的、清楚分類的表格來填寫，客戶對於自己保了哪些險種、貸款要繳到什麼時候、利率是怎麼算的、總價裡面到底是包含了哪些費用、配件有什麼？……這些重要的細節就不會很清楚。

所以，如果接洽客戶時都能用正式的「購車計畫書」白紙黑字寫清楚，那是最沒有爭議的！也更能讓對方對你產生信賴感。

基本上，公司所提供的「購車計畫書」格式都很簡單，上面只有價格、配備、保險這幾個欄位，但是我覺得這樣還是不夠，對客戶來說他應該要更了解自己的購車條件和方式，因此我後來又拜託別人給我意見，才把之前的「購車計畫書」不斷修改成目前的格式。

「購車計畫書」的表格本身可能沒有什麼了不起的學問，但是要會用、懂得用，才有效果。我設計的表格上有好幾個欄位，把表格拿給客戶看的時候，要如何講解也很重要！

由於貸款是成交很重要的一環，所以我的「購車計畫書」上是列在第一欄，這個表格就是我跟客戶洽談的優先順序。如果客戶本身的貸款條件不夠，但是他們自己可能並不清楚，所以就算前面都談得很順利、也打算要訂車了，最終還是無法交車、白忙一場！所以貸款的問題一定要先了解，如果客戶在貸款方面有難度，就看看能不能盡量幫忙解決。

我說過我每個月都會往銀行跑，去了解銀行的貸款條件、審件角度、徵審的人是誰……等等，所以對於跟銀行往來、貸款這類相關的事務，我敢自豪的說一定比一般行員還要更內行。

有個客戶本身就是開我們現代1.1的車，他打來說希望參考我們一款新車，但是中古車先讓我處理，並且跟我當面詳談，所以我們就約好晚上在中古車行碰面，但是他已經先認識我們其他營業所的業務員了，我並不知道。

一見面，尷尬的是他跟我說我們的車子感覺很不好開，他朋友也一直跟他洗腦說買現代車的人是頭殼壞掉！

要講到品牌形象，那剛好就是我的強項了！因為這麼多年講下來，我早就練就了金剛不壞之身。

聽他這麼說，我不疾不徐的把名片遞給他，針對他朋友對他的洗腦跟他說：「我一年賣二百多台車子，而我們現代汽車目前是全球第五大的汽車品牌，全世界一年的銷售量（當年）是五百多萬輛，不是五百多輛喔！如果我們的車子有問題，早就整天在公司被客戶丟雞蛋了！」

我接著說：「其實，選對車子之外也要選對人（業務員），因為**很多時候不是車子有問題，是幫你服務的人有問題**！你覺得不太好開，也許是因為當初你的業務員並沒有好好為你示範交車流程、有問題時也沒有第一時間幫你處理，所以開起來不順，你的感受才會不好。」

我把話講到這裡，剛好當天我太太就是開他想參考的那一台車去，他看了看，在旁邊一直說很漂亮、很不錯之類的，但是當天沒有很確定想買，我想說可能還沒有達到讓他很喜歡的程度。

我不知道其實他在見面看車的隔天，就決定去跟我們另一家營業所的同事訂了車（他認識的那個業務），之後過了將近一個禮拜，他突然打電話給我，跟我說希望能跟我談一下購車細節，因為我不知道他已經訂車了，當然就答應了他。

見面之後，我才知道因為那個同事處理的態度很不好，他想要跟對方退訂。客戶跟我說他和那個業務員認識有好幾年了，算是朋友，所以他當晚看到我太太的車還蠻喜歡的，隔天就去跟那個業務訂車，想說給朋友做業績，可是對方的態度一直有點怪怪的，他感覺自己有點被欺瞞的感覺。

例如，跟對方在談條件時，對方都是把重點隨便寫在一般的紙上，然後車險的部分還招攬了其他不是保險公司的產品，比我寫給他的貴了一萬多！問他為什麼這麼貴，也沒說清楚。

重點是他看到我的「購車計畫書」，上面從貸款到保險、到配件等所有的細節，都寫得清清楚楚，他非常感動，覺得我的態度給他感覺就是很誠懇、很實在，他對我的「購車計畫書」印象也很深刻，對比那個業務的做法，連有些要額外繳的錢都沒講清楚，覺得前面答應的跟後面說的不一樣，然後還怪客戶自己記錯了！沒有像我一樣幫他白紙黑字載明清楚、保障他的權益。

講一講他問我，他有把音響換掉，他想知道原來的音響他能不能拿回去？我跟他說那是車子原裝配備的，當然可以！但是那個業務竟然跟他說不能拿回去！我一聽也很訝異，不知道那個業務為什麼會這麼回答？他說他感受很差，他們都認識那麼久了，那個業務還這樣對他！

他當場就要跟我訂車，這時候那個業務打電話來跟我們店經理抱怨，說我搶他的客戶。我跟經理解釋說我之前並不知道有發生這一段，也請對方業務再試著好好溝通、挽回客戶。

客戶回去後沒多久，那個業務又打來跟我們經理說，客戶堅持要跟我買、如果不能跟我買他就不買了！

所以我就再趕去客戶那裡處理，處理到後來我發現那個業務要客戶填寫的表格和一些話術，都不是很正確，但一聽就知道那個業務的話術是來自於我演講時分享過的內容，可能他沒有融會貫通、也沒有根據客戶不同的狀況來調整。

一想到這裡，我就覺得對那個業務有些不好意思，看起來他是學到了某些關鍵，但是只有一知半解，反而變成誤用了。

所以我才說，光有表格沒有用，要怎麼跟客戶解說、要怎麼幫客戶規劃處理，都很重要，每個客戶的情況都不太一樣，沒有絕對一成不變的東西，有了「購車計畫書」之後要怎麼幫客戶量身打造才是重點！否則我也不需要大費周章的四處求教、慎重修改計劃書的格式了，不是嗎？

18 業務該有的格：請你跟別人買！

金句

業務是要服務你的，但不是欠你，尊重一下業務員是基本的態度和教養。

對業務來說，**客戶永遠最大**、**業績是命脈**，應該很少有業務會主動拒絕已經上門的業績，但是我就曾經不只一次拒絕過，因為不想破壞自己的原則、**賺得委屈**。

一直以來，我都是一個客戶至上的人，不管遇到再困難或條件再不好的客戶，我也不會退縮、放棄，但是有幾種狀況下我不會賣車給客戶，其中一個就是，**拿我的「購車計畫書」去跟別的業務比價**。

我記得那次是大年初一，客戶是一個派出所的所長，他太太是經營進出口公司的，兩個人年紀大約四十歲左右，很年輕。

大年初一要去談case我覺得沒問題，雖然我一整年只休大年初一這一天，但是只要客戶有需要我就會趕到。結果，初一早上所長因為要值勤，又跟我取消改約初六，說等開工之後再談。我也覺得ＯＫ，反正過年期間也沒辦法辦手續。

初六時我依約過去，還請我同事開車過去給他們看，所長試完車之後，同事先離開，我跟客戶繼續談。開始談的時候，他說要等太太過來一起聽，所以等了一下，因為他們已經有指定的車款了，所以沒什麼需要多加說服的，而給他的價格和條件在幾次討論之後也幾乎是沒賺錢了，我總是想說，沒關係，他是人民保母嘛，就當做純粹替他服務好了，還好我業績夠，就用其他的業績獎金來補這一輛。

他太太到了之後，價格和條件根本不問，一來就先談車子、問顏色，通常一般客戶如果問到顏色就差不多了，我就說：「您想要看什麼顏色？」她說：「銀色、灰色、白色都想看。」我就立刻打回去問公司有沒有那幾種顏色，剛好五種顏色都有，我就說：「那我載你們去看。」

在車上我們就閒聊，感覺一直都還不錯，但是看完載他們回派出所後，所長又說還要再考慮一下。我心想，已經談到這個程度了，突然改口說還要考慮一下，似乎不太合邏輯，但我第一時間還是選擇相信客戶，認為他們應該是很有誠意要買車，只是有細節要回家再討論一下，於是我就先回去，不希望給客戶壓力、讓他們覺得有被勉強的感覺。

第二天，我打給所長問他跟大嫂考慮得如何？他說主要是價錢的問題，我一聽也沒生氣，沒有心想已經都沒賺你錢、是純服務了，價錢還不滿意嗎？我還是說：「那我現在馬上過去，我再跟您講解一下。」

我過去之後，他又多拗了一些價差和配備，跟我說這樣對他太太比較好交代，我說：「可是所長，這樣我虧錢賣，**就換我對太太不好交代了。**」

但我還是答應他了，因為有時候買東西是一個衝動，**賣東西其實也是一個衝動。**這台車雖然一點也沒賺，甚至還是虧錢賣，但還好我業績好可以截長補短，只要衝過高台數的量，還是有機會從公司給的獎金賺回來。

其實像他這樣反反覆覆的談法，遇到其他業務員可能早就翻臉了，這就有點像是你去菜市場跟人家買菜，一把青菜從一百元被你喊到五十元，老闆都要開始幫你包起來了，你又說我要回去考慮考慮，這樣不被罵才怪！

但我是覺得還好，消費者當然有權利考慮清楚，不一定非買不可，買賣一定是心甘情願、沒有一絲一毫勉強的。但是，沒想到令人覺得錯愕的事情發生了！

從談完後的第三天開始，陸續有其他營業所的業務員打來跟我問所長這個case，原來他跟我拗完價格之後又到處去問別的車行，用我給他的「購車計劃書」去跟別人談看看有沒有比我更優惠的？

他因為已經問過太多人了，由於我的口碑很好，大家都認識我，所以可能他問的十個同行中有七個就是我的好朋友、或是認識我的人，於是他們又紛紛打來問我這個案子的狀況。當下，我覺得這已經超出一個正常人能接受的底線了，想了想，決定不要做他這筆生意！

接著，又有一個車行跟我說有警界的朋友在問他這台車的事，我決定打電話過去了解，對方說的這個警員剛好是同一間派出所的，我就打電話給那個警員，他故意說是他朋友要買的，我就說：「你們所長剛好也在看這台車，但是我給他的價錢幾乎是底價、當成是做公關，如果是你朋友要買就不可能那麼便宜。」他聽完後沒說話，可能覺得很納悶，他是問別家的業務能不能比我更低價，但怎會問一問又回到我手上了？

可能是他回報了整個詢問一圈後的狀況，接著沒多久，當初那個介紹所長給我認識的客戶打電話給我，他說：「所長夫人說了，你只要再多優惠一萬塊，就可以去收訂金了。」

我跟客戶說：「如果對你不會不好意思的話，你還是請所長跟別人買好了，他後來一再改變談定的條件，我是可以不賣的。」

當天中午十一點多和下午二點多時，那個介紹人又打二通電話過來，還是希望我賣他們，我說：「還是請他去跟別人買吧，我也有我的原則和底線，這筆生意我不能做。」

到了下午五點，我去台南談一件case，從高速公路要下交流道時，那個介紹人又打來了，我說：「我可能沒有講清楚，我真的不想做他的生意，也許我講話比較婉轉，所以你沒聽懂我的意思。昨天我又聽說所長找我們新營的同事過去，直接跟他說我答應他的條件，新營同事說如果他照這個方式賣的話，得要虧多少錢，問我要怎麼賣？虧多少錢不是重點，重點是我不想賣給他，何況後來還要再被他拗到多虧一萬元，我更不能賣！」講真的，他也找不到別人可以賣車給他，因為他把市場問得太混亂了。

我不願意賣給他的原因，是因為他拿我給的價錢去壓別人的價錢，不僅不尊重我，還很不道德，這種殺價的方式同時也會對其他業務員造成困擾，所以就算沒賠錢，我也不可能賣給他了。

我的「購車計劃書」每一份都是為不同客戶特別規劃的，我幾乎沒看過有別的業務跟我一樣把計劃書做得這麼詳細和周延。不同的客戶買車絕對不會是一樣的條件，因為每個人買車的等級、配備、使用需求、貸款或現金、貸款成數、信用狀況、頭期款多少、之前是不是老客戶……等等，情況都不同，所以談到的條件當然也不可能一樣！除非是兩個人一起買那就有可能。

「購車計劃書」是我對客戶服務中很專業的一個環節，通常如果談到「購車計劃書」，應該就是有誠意要買車了，怎麼還到處去比價？甚至是拿我的計劃書去跟別的業務談優惠！這個就犯了我的大忌。

很久之後，我遇到一個也認識他的朋友，聽他說所長抱怨我為了只差一點點錢就不賣車給他，害他得多花二、三十萬去買別的車。

聽到這件事，我一點也不會覺得沒賣車給他很可惜，除了說沒有緣分之外，看來他們對於踩到我的地雷、很不尊重我，並不覺得有任何問題，所以就算我缺那一台車的業績，也寧可不賣！

這也算是我從事業務工作二十年下來，少數不能妥協的案例之一，因為我不希望整個銷售市場變得更混亂、不希望已經夠困難的業務工作還要陷入這種惡性競爭！一旦搞壞了市場，對誰都沒好處！所以一個好的業務，在該拒絕的時候，是應該要勇於堅持的。

還有一次我不想賣給客戶，也是踩到我的底線。

很多年前有一個住在高雄茄定的客戶，一開始就是他主動跟我聯繫，說想買一款快出清的車子，顏色已經很少了，車子也剩得不多，他都看好了，也跟我要了很多優惠和配備，我其實是沒什麼賺的，但想說他是年輕人，就當作投資好了，也都一一答應了他。

他是月初時來看車，本來說好月底要買，所以我們約好二十八號晚上七點碰面跟銀行對保、打契約，結果二十八號下午四點多時他又臨時跟我改時間，說他有事情要忙，改約二十九號。

到了二十九號當天晚上六點多、我跟銀行人員要出發時，他又打來說要加班，說要晚一點，我問他晚一點是幾點？他說大概九點吧。

等到快九點時，又開始聯絡不到他了，用line也聯絡不上，我之前就知道他在上班時手機比較不能接，但是都快九點了，我們再不出發會來不及，也不知道他會不會又改時間？我就跟銀行對保人員說：「不然我先從公司出發去等，你在家等我通知。」因為銀行人員早已下班回家，加上他住的地方離客戶比較近，所以就不必浪費兩個人的時間在現場等了。

說完我就出發了，開到茄萣他們家附近一家7-11旁邊等他聯繫，結果從九點一直等到十點的時候，那個客戶還是完全失聯，不接電話也不回line，我就跟銀行的人說你不用等了，先休息吧，我來等就好了，即使要簽名也明天早上再簽了。

繼續等到十二點的時候，7-11的燈突然熄滅了，一片漆黑，我心想，7-11不是二十四小時的嗎？難道是停電了嗎？結果不是，真的是打烊了！可見那邊有夠偏遠，連7-11也不是二十四小時營業。

等到十二點六分時，我收到他的簡訊，說他今晚沒辦法約了，我立刻回撥電話：「你會忙到天亮嗎？其實你貸款條件那些都是ＯＫ的，只要影印一些資料、簽個名就好了，十分鐘而已，你忙完一定要打給我，我可以立刻出發幫你把這件事情搞定。」他回說好。

一直到早上六點十七分時，他終於打來了，我當下非常高興，即使還沒睡醒也沒關係，終於可以把這個case處理好了，結果他一開口就說：「林先生，不好意思……」

我最不喜歡聽到**「不好意思」**這句話了！他說：「買車的事情可能要緩一緩。」

我說：「為什麼？」

他說：「因為昨天我朋友跟我調頭寸，所以沒錢買車。」

我一聽就覺得不可能！我已經被放鴿子二次了，昨晚又空等了一夜，他半夜十二點時都還在工廠，是有那麼巧三更半夜剛好有人跟他借錢？

我當下真的有點失控，我說：「你要講理由也講一個好一點的，這樣真的很不好，沒有跟我買都沒關係，這台車也是你自己想買的、優惠都是你開的，不是我勉強你喔，而且也真的都沒賺錢，當作投資你、純服務，但是有什麼考量可以坦白講，**講這種理由有點太侮辱別人的智商了**，這樣是對的嗎？你如果坦白講我還不會那麼生氣！」

真的，七早八早打來也不是好消息，要講這個也等我睡醒在講嘛，有人這麼不懂人情世故的嗎？

他還繼續說：「身分證影本你留著，我以後買車會找你。」

我說：「你想找我，我還不想賣你。」講完我就掛電話了。

講真的，當業務的很在乎業績沒錯、要以客為尊沒錯，但是任何一筆訂單都沒必要委屈成這樣，我幹嘛虧錢賣車還要被這樣對待呢？業務是要服務你的，但不是欠你，尊重一下對方是基本的態度和教養吧。

19 死賴著七小時不離開，創下史上最長紀錄

金句

跟客戶吃飯也是一門學問，要嘛就是吃完一頓飯下來對你感覺更好、要嘛就是剛好相反。

這個案子從一開始洽談到結束，花了足足七個小時，我從沒花過那麼久的時間，過程不但漫長，還很曲折。

有一年，我跟公司同事一起到關子嶺受訓，受訓期間有個客戶打來說有朋友想要參考我們一台剛上市的七人座新車，已經很確定要買了，問我能不能幫他安排試車和解說？

我們的課是下午一點才會結束，下山後還要先載值班同事回公司，所以就跟客戶的朋友林先生夫婦約三點，結果隔沒五分鐘，林先生就打來說他太太要出門，能

不能提前約二點？可是約二點對我來說就是一個困難了，因為早上我們是六個同事坐一台休旅車一起上關子嶺，如果我先離開的話，其他五個人就沒辦法下來了。

後來我想辦法連絡下午梯次要上來受訓的同事，我原本想的很美麗，想說如果下午上課的同事可以多開一台試乘車上來，那我就能提前開車下山了，結果下午班的同事已經出發了，我回覆對方說，提前可能沒辦法，並且告訴林先生我們的狀況，結果林先生說他們跟別家店的業務約好六點試乘，如果我三點才去找他，有可能來不及。

我一聽，**那不管怎樣也要早他一步呀！**都已經確定要買的客戶，也有指定車種了，怎樣都不能先讓他去跟別人試乘。

我們店經理立刻說，他們自己想辦法搞定怎麼下山，叫我不用擔心，於是我一點多先載一位同事下山，讓他可以回公司值班，接著就趕快出發去找林先生，我到他們家很順利，才一點四十分。

他們夫婦是自己開公司的老闆，我車子一開到現場，他們先瞄了一下外觀，接著又看一下第三排的空間，然後車子稍微操作一下，過程不到三分鐘，之後就開始試乘。

在車上，感覺得出來他們對我們的車沒什麼好感，因為他們一向都是開進口名車的，當天他們開的車就要價三百多萬了，對我們這種國產車根本看不上，來看車只是因為要買給讀大學的兒子開，以後可能還要再買給他女兒開。他們也不是只有看不上我們的車，幾乎對所有的國產車都不滿意。

要開出去試乘時，林太太問可不可以開上高速公路？我說可以，這個時間不會很多車流量，上去沒問題。

上車後我故意坐到第二排，把前面副駕駛座的位子留給林太太，**第二排是我認為業務員最好的位置**，一來比較好講解，二來是他們兩個人的情緒和感受我都能觀察得到。

而且前面的位子最舒服，客戶感受會更好。尤其休旅車比較高，離心力也比較大，它在變換車道或轉彎的時候，可能會讓第二排的人稍微不舒服，特別是第一次開休旅車的人，感受會更明顯，所以在試乘休旅車時，我都盡可能去坐第二排。

一路上我一直介紹我們車子的優點，使用到哪裡就講解到哪裡，一趟路大概開了二十幾分鐘就回來了，感覺得出來林先生對那台車很滿意，所以就直接把車停到他們公司門口，再進去談細節，整個過程都很好、很順利。

回到他們公司時，我才發覺他們是一家蠻有規模的家用品進口商，公司光是業務員就有二十幾個，一進去前方是商談招待區，有一些客戶在那邊談事情，往裡面走進去才是招待貴賓的泡茶廳，再裡面是二十幾個業務員的辦公室，蠻大的一間公司。

他帶我到泡茶廳，我很喜歡喝茶，一喝發覺是比較熟的，而我是喝比較生的，喝完後我說：「林先生，你這茶是熟茶，不過也蠻好喝，我都喝生的，之前喝不懂熟茶，不曉得怎麼挑茶葉？」然後就在那邊跟他請教茶葉的事情、聊起茶經。

談到這裡林先生已經有點打定主意要買我們的車了，也想把六點那個業務的約給回絕掉，接著我們就開始談其他細節，談了大概半個多小時，價格配備那些談完之後，他突然說要等六點那個業務來報過價以後再決定。

他會這樣突然轉變態度，是因為洽談時林先生曾說他也是業務出身、白手起家的，所以他不喜歡看業務彼此間為了競爭而互相廝殺，業務的廝殺對他來說雖然有利，但是他所不樂見的，他說：「如果你和六點那個業務的價格和優惠都差不多，那我會跟那個業務買，因為他是新人菜鳥，我希望能給他一個機會。」

他已經跟菜鳥業務看過車子了，也跟那個菜鳥說，他們還會去別家店看，因為不喜歡被騙，但是如果價格差不多，就會回來跟他買。後來是跟他很熟的保養廠把我介紹給他，保養場老闆跟他說要找一個經理（就是我）來跟他談，那個經理會給他比較好的優惠，而且經理的服務很好！所以他是因為這兩句話才同意讓我過去談，但是如果談完優惠發覺只差個五千、一萬的，他還是會跟那個菜鳥業務買，不會跟我買。

不過菜鳥業務第一次跟他們介紹時，可能也不太會講、加上林太太從頭嫌到尾，所以他們當時只待了十幾分鐘就走了，價格和優惠都沒有聽得很清楚，只記得一個大概。

我跟林先生說：「你說要給年輕人機會，這點讓我很佩服、也很欣賞！我對你的理念非常認同，因為當初我也是菜鳥，也很感謝人家曾經給我們機會！不過對於價差，真的是你誤會了，照剛剛的算法，我們的差距真的不是只有五千、一萬，所以我還是要跟你講解一下，如果聽完之後你還是覺得要跟那個業務買，我也會尊重，改天如果你覺得我們這邊的服務比較方便，歡迎你直接找我，我絕對非常樂意為你服務！」

跟菜鳥業務的報價方式相較起來，我對他們的規劃全部都是量身訂做出他所想要的，不但幫他省去了一些費用、也盡能力所及提供他優惠，另外針對他個人想要加裝的一些配備，我有報價也做了建議，所以我有自信這個規畫一定是對他最有利的、價格也最優惠。

我跟那個業務的報價方式不同，那個業務就是把能優惠多少錢直接跟他說，假設對方能優惠九千、但我能優惠一萬，表面上看起來我也沒有比較優惠，但是剛好相反！因為這不是全部的總價，我的原則是一定會把所有配備等級、日後要繳的錢，那些林林總總很複雜的細項，全部都列出來，盡量講解的很清楚讓他了解。

其他業務不會講到後面這些費用，日後再一樣一樣加上去，但是當下林先生看到的報價一定會誤會，因為內容條件不一樣、加裝配備的等級也不一樣，如果加上日後要加收的費用，那個業務的報價絕對比我高很多。

客戶會有這樣的誤解是很正常的，我們常常會遇到，所以我講解的太清楚，也不見得是好事，因為講太細，包括所有東西的價格算法和繳法，**十個客戶裡面有九個是聽不懂的**，林先生就是這樣，他只針對他想聽的優惠金額，其他的雖然我都跟他分析了，可是他不太注意那些，光看價格他會認為我給他的優惠沒有很多。

我雖然知道我們當業務的應該要教導客戶正確的事，我的算法是很透明的、每個細項都一目了然，這才是正確的算法，但比較矛盾的是，**不是每個客戶都喜歡很透明這件事**，我看林先生在旁邊加加減減就知道，他一定會誤解我所提出來的價格。觀察到這一點之後，我決定死賴著不走，**我知道絕對不能離開，離開就沒機會了！**

大部分業務這時候都會先離開，因為他還要等六點的來，就不會留在現場以免尷尬，但是我堅持不走，用了一些藉口留下來，好在我們還蠻聊得來，他也沒有要趕我走的意思，有些人會不耐煩，隨便找個理由打發你，但是他沒有，所以我就一直厚臉皮賴在那裡，跟他好說歹說，分析了一堆，其實中間有一度感覺他有點聽不太下去，他又再次強調，如果只差五千塊的話，說直接一點，他也不想騙我，等六點那個業務過來，應該就是會決定跟他買了！

聽到這裡，我決定換個方式，用他的方式算給他聽，我說我們絕對不只差五千、一萬，結果重新算給他看是差了二萬八，是我比對方更優惠二萬八！

我沒有在削價喔，其實這只是一個算法而已，過程也有點專業和複雜，重點是他岳母還有另外一家公司，他需要用那家公司的名義來節稅，於是我就跟他講解，從他們公司是書審還是查帳的方式開始講起，再到租賃租購或現金買斷哪個好，一一分析，因為我們那台是客貨車，所以可以節稅，但是應該要怎麼做才划算，我全都算給他聽，我跟他說，問你們會計師就知道我算的對不對了。

他太太在我們商談時進進出出四、五趟了，其實本來林太太有事情要忙，說好二點半就要出門，但是後來跟我聊過之後，她就不出門了，乾脆交代別人去處理，她就走來走去一邊忙、一邊聽，所以她從頭到尾都是聽到片段的，可是聽我講完那些算法後，林太太突然插嘴誇說我很專業、很不簡單。

林太太最後又進來一次，我剛好忙著講電話，我的電話真的很多，不斷有客戶一直打來問禮拜六要交車的事、下個星期三交車要改幾點、還有其他領牌要選什麼數字、保險怎樣了……這類事情一堆，這也不是我刻意營造出來的，但是對於商談很有幫助，會讓對方感覺我有很多客戶，然後對每個客戶的問題好像都很能處理和掌握，當下有感覺他們對我的印象更好了。

這中間有一通電話是一位傻大姊客戶打來的，我在電話中說：「李小姐，不好意思，我從九月初就一直聯絡妳，妳的保險十月就會到期，然後妳的車子又要驗車了，沒有保險是沒辦法驗車的，妳去年也是delay了一個多月，導致妳的保險日期跟驗車日期不一樣，所以我急著連絡妳，要幫妳處理續保的事。」她這才猛然驚醒，她不但忘記要驗車，而且也忘了保險再過幾天就要到期了，問我怎麼辦？我說：「沒關係，我明天幫妳送過去，絕對來得及讓妳驗車。」

林太太當時剛好進來，全部都聽到了，我覺得他們兩個可能都在聽我講那通電話，後來我稍微解釋了一下，說絕不能讓客戶的保險過期，業務員一定要做到提醒客戶，不然如果有什麼狀況，客戶會吃虧。

後來她跟林先生說了一句：「林經理比較專業，我們買車應該要找比較懂的，以後才不會麻煩，你找菜鳥他什麼都不懂，又不是買個沙發不需要後面的服務，到時候很多事情都會變得很麻煩。」

於是林太太當場就決定要跟我買，林先生就在我面前打電話給那個業務，找了一個藉口：「不好意思，我兒子可能比較喜歡L牌的，我再跟他講講看，你先不用過來。」林先生說，這樣講比較不會讓那個業務覺得自己是輸給同一個品牌的其他業務，可能會釋懷一點，代表不是對他的介紹不滿意，讓我當下更多了對林先生的敬意。

他們雖然已經有九十九％確定要跟我買了，但還是要等兒子下課一起決定，畢竟是兒子要開的。他們兒子在念大學，要五點半才下課，當時我們談好已經快四點了，離他兒子下課還有一個半小時，這一個半小時裡我就跟他確認用哪一個公司來買、需要準備什麼文件、以及討論配備那些細節。

當場我們都談定了，也把訂單資料都填好了，不過我提到希望收三萬元當訂金時，林先生說，因為他兒子下課後想先去看另一個顏色，當天我是開銀色的過去，但是他兒子前一天有看到一台藍色的，他們想再去看一次確定。

他說：「你放心，我會把三萬元帶著，看了沒問題、顏色確定後就給你。」

這就是一個變數，沒有收到訂金，只有寫好訂單而已，這對我來說就不算是十拿九穩的交易。

於是我連絡我們台南工業區那邊的分店，離他們公司比較近，剛好還有另外四個顏色可以看，包括藍色的，我說那就去那邊看比較準，也比較方便，聯繫好之後繼續在他們公司一直坐到五點半多，陪林先生泡茶聊天，由於我還沒有收到訂金，所以更不敢離開，怕一離開就有變數了，不知道他們有沒有覺得這個業務很奇怪，怎麼一直賴在他們公司不走？

後來等到他兒子下課，他們要開車去載兒子和女兒一起過去，我們就在快六點時分頭開兩台車出發，從他們公司開到工業區大約要一、二十分鐘，我比他們早一點抵達，到那裡已經接近六點四十分了，講真的天色都暗下來了，工業區那裡一片烏漆抹黑的，等到快七點時，他們一行人終於到了，這一個小時裡我一直擔心，會不會有什麼變數不來了？

兒子大概看完車子以後，林先生開口問：「能不能讓我兒子開一下？」

這樣問題就來了，他們一行人總共有六個：林先生夫妻、二個女兒、一個兒子，和女兒的男友，加上我就是七個，我們這台車雖然是七人座的，但是七個人能不能坐得進去、好不好坐？這都是一個很大的考驗，講真的裡面要塞這麼多人，會不會不舒服而影響到成交，也是未知數。

當下我要面對他們六個人，有可能各有各的意見，說沒有壓力是騙人的，我也只能盡力了，一開始安排他們就座，因為林太太身材蠻高的，目測大概有一六八左右（氣質非常好，是真正的貴婦），所以她一定是坐第二排。

本來應該讓林先生坐副駕駛座的，但因為當時是晚上，加上他兒子才在讀大學，很少有機會開車，駕駛技術應該就一般而已，如果路途當中發生什麼，不是說會發生事故，就算他只是不熟悉操作、或是覺得有什麼東西不會用，都有可能會影響到行車安全，因此沒辦法，為了要協助駕駛，我只好坐副駕駛座，讓林先生去坐第二排，再加上女兒男友，三個人坐同一排，但其實第二排坐三個人比較擠，因為中間比較凸出、比較不好坐，結果偏偏中間那個位置是林先生坐的。

第三排是要讓小朋友或者比較嬌小的女生來坐，他的兩個女兒身材都很嬌小，我就安排她們坐到第三排去，她們要上車的時候，我示範如何操作把第二排的椅子往前推，讓它很順利地往旁邊滑動，我跟妹妹們說，它是一個滑軌型的設計，妳們一腳跨進去比較好坐，然後當中有一個是穿短裙的，我還要幫她顧到不能走光。

我一邊講解、一邊示範如何一腳先踩在哪邊，屁股一挪就坐上去了，然後下車要怎麼下來，我開玩笑的說：「兩位小美女坐的第三排是ＶＩＰ貴賓席喔，因為只有兩人座，而且第三排有自己的冷氣，給妳們獨享的，不用跟別人分。」她們被逗得一直笑。

都就座後，他兒子開車，但之前有提到，第二排和第三排坐那麼多人，有可能會不舒服，所以我還要去隨時注意乘客舒不舒服這件事，隨時關心他們的心情變化。

車子開出去前，我幫他兒子調好鏡子、調好座位，順便再講解一下我們車子的新功能，包括方向盤可以前後移動，我教他怎麼操作，跟他們說這通常是只有進口車才有，然後這台車還可以路邊自動停車，也是高階機種才有的配備。

結果一開始就有突發狀況，他兒子說他踩油門要踩很用力，感覺很沒力。我想說這不太可能啊，因為我們的油門踏板是進口車或歐系車會採用的地柱型，不是傳統懸吊式的，地柱型是用你腳掌貼合後的角度去輕輕踩，跟傳統你要先抬腳再施力踩下去很不一樣，不但成本比較貴，而且可以讓油門的深淺掌控更為精準，也比較舒服，腳不容易痠，長途駕駛或塞車時感覺很明顯。

我猜想一般車都是懸吊式的，很多人都習慣抬腳去踩，因此提醒他：「你輕輕用右腳平貼的重量去踩就好了，不需要抬腳，再試試看。」結果真的馬力很大，跑得很快，他一直說真的蠻好開的！

開一開，他們就說那順便去吃個飯吧，林先生就打電話去台南一家頗有名的餐廳訂位，那家我聽過，但還沒去吃過，因為生意一直很好，很難有位子。

到了餐廳前面，只剩一個停車格，我就說車子我比較熟悉，我來停好了，你們先進餐廳。我就先下車，又幫忙把第二排乘客招呼下車、接著是第三排的乘客下車，我說：「第三排可以不用等第二排的人下車，妳們只要按這裡的開關往前推，就可以下車了，不用看前面的人的臉色。」她們又咯咯笑起來。

我很快速停好車進去，他們已經安排好座位，我就去坐邊邊角角的位置，可以跟林先生坐對面，這樣談事情也比較好談。剛剛路上林先生有說如果有7-11或提款機就停一下，讓他領個錢，後來也沒時間去領錢，剛好餐廳的隔壁就是7-11，他就請林太太去領錢。

然後一回來點完菜，他就跟林太太說，把那三萬塊點給林經理，林太太就說吃完飯再拿，不急呀，林先生說先點給林經理，他比較安心，我立刻接話說：「沒問題，謝謝！我這就去車上把資料拿過來給林先生簽收。」然後很快速就簽收好了，也終於完成了史上耗最久的訂單。

跟客戶吃飯也是一門學問，因為在過程當中我們會變得更有親密感、會有更多的接觸，**所以要嘛就是吃完一頓飯下來對你感覺更好、要嘛就是剛好相反。**

幸好整頓飯下來，包括他們女兒、兒子和女兒的男朋友，對我也都算滿意，這中間我們什麼都聊，從兒子的身高到點了哪道菜、再聊到一家很厲害的腸胃科，大家都聊得很開心，我跟小朋友們講話也都沒有距離。

一開始坐下去吃飯時，我就先跟他們說：「其實我很少跟客戶吃飯，因為我是屬於那種坐不住的人，一吃完飯就想走人了！」他們聽完又大笑。

我們用餐完畢時，大約八點二十分了，他們家的車還停放在我們工業區的分店，我就跟他兒子說：「小帥哥，回程你要繼續開嗎？」他連忙說：「不用不用，叔叔你來開就好。」

我開的話就能盡我所能把舒適度提昇，畢竟我對車子比較了解，技術也一定比較熟練，從速度、油門、煞車到轉彎大不大力、會不會轉太急都很注意，一路上還是有機會就秀我們的配備，真的不輸他們家那台三百多萬的名車，而我們只要一百四十萬就有了！

整個訂車、試車圓滿結束時已經八點快五十分了，我從下午一點四十分就到了，整整七個小時都在忙這個案子，完全不敢離開，創下史上最長的談車紀錄，還好後續都順利成交，**過程中有很多考驗都必須用心觀察、靈機應變才能走到最後，**只要稍一不小心，這個客戶可能就是別人的了。

20 不管多困難，我來！

金句

幫客戶解決問題，就等於是幫你自己。

有個客戶郭先生，他看中我們一台車很喜歡，但是問題來了，他們家是鄉下那種三、四層樓的透天，一樓是騎樓也像車庫，雖然可以停車，但是他看中我們的那台車子長度是四〇二．五公分，而他們家騎樓的長度只有大約四一〇公分，停進去之後只剩下七．五公分的距離，雖然勉強可以停進去，但是如果沒有每次都停得非常剛好，就會無法關上鐵門、車尾會凸出去。

一般房車的車身大約都有四五〇公分長，根本停不進去，他找了好久才看中我們這款車剛好可以停得進去，但是只剩下不到十公分的空間，沒有人能保證每一次停車都能停得剛剛好貼牆壁，人難免會恍神，如果停車時一直退，就會撞上客廳的門，但是不盡量退到最後面，鐵門就會關不上，只有這麼小的空間確實是停車上的很大壓力，不然就是得重新打掉鐵門，郭先生因此一直很苦惱，因為他不想把鐵門改掉。

而如果不買我們這台車，就只剩下march那種小車可以考慮了，我們的車子跟march的車身差了二十公分，march好停多了，但是march只有1.3，郭先生每天都要開車去台南市上下班，是他很重要的代步工具，所以不是很想考慮小車。

曾經也有人建議郭先生可以把鐵門做一個弧度凸出去，但郭先生夫婦他們都是守法的老實人，他知道凸出去的鐵門是不合法的違建，因此也不考慮。

結果，看來看去就只有我們的車子最符合他的需要，但是除了鐵門的問題之外，他的鄰居和親朋好友一聽說他要考慮買現代車，也是大力反對，他們都對我們的車很感冒，一直勸他韓國車最好不要買、買了會後悔……之類的。

我知道萬一他買不成我們的車，就要去買march了，因此我一邊努力說服客戶，不要被鄰居和親友的刻板印象影響了、一邊幫客戶想辦法，**提議可以做一個輪**

擋來解決他的問題，這樣當倒車碰到輪擋時可以停住，不會撞到客廳的門，也會知道已經到底了，鐵門就可以關得上。

就這樣，我後來用一個輪擋來解決掉令郭先生頭痛多時的問題，同時也順利的拿到了訂單。

身為一個業務，一定要善於幫客戶解決問題，而且一定要敏銳細心的洞悉客戶考量的問題為何，有時候就在聊天當中慢慢的把客戶的問題聊出來，並且動腦筋想辦法幫客戶解決，不要覺得那跟我的業務無關、那個是他們家的事。**因為你幫客戶解決問題，就等於是幫你自己**，客戶才有可能跟你買車。

無論過程有多麼煩瑣、問題有多複雜，我都要求自己要有勇於承擔的氣魄，要跟客戶打包票，讓他們知道不管遇到什麼麻煩的問題，都可以交給我來處理，我要求自己要有這種勇於承擔的氣魄！

後來，客戶越來越信任我，我也越來越常幫客戶處理各種疑難雜症，還曾經幫一位客戶削掉牆壁。

我記得當時我們已經開始賣第一部柴油休旅車，客戶想買這台車，可是他們家車庫上方的二樓陽台是延伸凸出去一塊的（類似露台），如果是房車停進去沒問題，但是休旅車比較高，車頂一定會超過陽台高度，所以開進去的時候會撞到凸出來的地方。

那時候我們的柴油車剛上市，我自己也有買一台，客戶為了確認車子是不是停不進來，**幾乎每隔兩小時就叫我把車子開去他們家測試一次**，用各種停法來測量看看高度到底夠不夠？我總共把車開到他們家去測試三次，最後確定真的沒辦法停進去。

如果我因此而放棄、或是勸客戶乾脆改買房車算了，那問題可能會就此卡住，到最後也是不了了之，因為客戶的需求並沒有被滿足，客戶如果想買房車，早就買了，也不需要你來勸他，這種建議只是又把問題丟回給客戶而已。

而因為我之前曾經做過水泥工，所以對房子也有一定的了解，我在仔細研究過客戶家二樓陽台的結構之後，知道有一個方式可以解決這個問題——不必破壞房子的鋼樑，**只要把牆壁前面削薄一點**，削出一個斜度，車子就可以進去了！

我提出這樣的建議，但是客戶有點擔心會傷到房子結構，也怕花了錢卻沒用，遲遲不敢下決定，於是我說：「您放心，牆壁只是削薄，不會打掉，也不會動到鋼樑，對房子絕對沒影響！如果您還有疑慮，我願意負擔動工的七千元，確保這樣做一定是沒問題的，不然我豈不是白花錢還自找麻煩？」

客戶一聽，也就欣然同意。於是當天工人開始施工後，我開實車過去測量，一邊測量、一邊施工。施工完我再請師傅再用水泥抹平、上漆，不然會不好看。

客戶看了之後非常滿意、柴油車也停得進來了，對我頻頻誇讚，自始至終都不敢相信動個小工程就可以解決掉他認為很麻煩的事情！

賣車賣到還要幫客戶削牆壁，相信任何人應該都是前所未聞吧？這證明了問題不在於有多困難，而是你願不願意動腦筋解決、在於你有沒有把客戶的事情當成是自己的事情來處理！

所以，我敢大聲的說：**「不管多困難，我來！」**

21 全省服務，距離不是問題！

金句

就算距離相隔那麼遙遠，也是一通電話解決，完全不會影響到我的服務品質！

跟我買過車子的客戶都知道，每次我都會跟他們說一句：「不論事情大小，您一定要聯絡我，**全省都是我的服務範圍**，有任何事都由我來幫您處理。」

很多客戶聽了會覺得很不可思議：「真的全省都能服務得到嗎？怎麼可能？」

再說，一般而言應該是每個業務都不希望客戶買完車子有問題還要麻煩到他吧？既浪費時間又沒有業績！所以客戶大都有了心理準備：交完車，業務人就不見了！要嘛很久都不回電、要嘛就是愛理不理的、要嘛就是跟客戶說那不是他的業務範圍，請他去找別人……怎麼可能還有人傻傻笨笨的不趕快把時間花在去多拉一些客戶，還在那邊堅持一定要幫客戶做售後服務呢？

沒錯，處理這些瑣事是很麻煩，而且會耗掉很多時間，對於分秒必爭的業務來說，一點也不划算！服務一個舊客戶的時間他可能可以多跑三個新客戶！但是，我的觀念跟他們不一樣。

每個業務員都知道要好好的開發和服務更多新客戶，才會有業績進來，但是卻很少有業務願意花時間和心力去維繫已經成交的客戶。對業務來說，成交就似乎意謂著已經功德圓滿、案子結束了，所以客戶也不需要服務了！

但是對我來說，**成交才是服務的開始！**成交之後的服務，才是真正能讓客戶成為你穩固的樁腳的最大關鍵！

之前常遇到喜歡殺價的客戶對我說：「沒關係，我們買車就是要優惠，不需要什麼服務。」

但是其實真正會需要用到業務員協助處理的事情非常多、非常繁雜，而且通常都是出現在交車之後，例如：維修、保養、零件更換、保固問題、車況問題、保險理賠、貸款償還，甚至是操作問題……等等，如果客戶遇到的業務員夠專業、夠負責，很多事情處理起來就會很順利、很省力，反之則很有可能飽受折磨、交車之後變成噩夢纏身！這些都是客戶在買車時很少去想到的。

所以每次在交車的時候，我都會跟客戶一再強調：「我希望您每一次保養都來找我，從一千公里、五千公里、到一萬公里，不管開了幾公里，我希望您每一次都打電話給我，不要不好意思，**我每天都在處理這些事情**，這是我應該服務的。」我會這麼不厭其煩的一再提醒客戶，為的就是不希望發生狀況時，萬一我們服務廠的某位師傅沒有處理好，而讓客戶從此對我或對我們公司失去了信心！

所以，客戶交代我的任何事情，不分大小，我一定都會立刻記在手機的備忘錄裡，並且設定鬧鐘來提醒我，例如：保險的細節、裝配件的問題……等等。

多年前，有一位老闆娘跟我買了兩部車，一部她開、一部給她兒子開，開了二年多就賣掉其中一部，然後又換了一部新的。賣掉的那部是老闆娘的車，因為交車當天老闆娘和她們公司總經理兩個人有事要上台北，不能來領車，於是她就開她兒子那部車去台北，然後請她兒子來幫她領車。

我那天早上幫她兒子辦好交車手續，才剛交完車不到兩個小時，老闆娘突然打電話給我，口氣很不悅，說他們才開到新竹交流道附近，那部車就有點怪怪的，開起來很吃力，時速最高只能開到三、四十公里，把她給嚇死了！問我怎麼會這樣？

我一聽，心裡大概有數，那不是車子的問題，是因為她兒子有改裝一個東西，老闆娘不知道，可能是那個改裝的部分出了問題。

老闆娘的口氣有點生氣，我立刻先安撫她、跟她問清楚狀況，還好車子還可以跑，只是速度不快，於是引導她下交流道，跟她說下去之後先停靠路邊，然後再打給我。

她依照指引下了高速公路之後，我先確認是什麼情況，她說一開始時速大概是開多少，然後中間有聽到「啵」的一聲，接著車子就變成這個樣子了。

我雖然還是不曉得是什麼原因，但是我跟她說：「沒關係，妳先停在路邊等一下，我馬上派人過去。」接著我確認了她的位置，同時趕快查資料，她在的地方是**新竹工業區**，離中華路比較近，於是我馬上打電話給那附近的保養廠廠長，我跟廠長說明客戶的情況，問廠長能不能馬上派人過去？因為很緊急，而且當時天氣很熱，不能讓客戶在路邊曬太久，所以動作一定要快。

廠長說沒問題，留了對方的聯絡電話之後，立刻就出發了，而廠長因為只知道大概的位置，等找到客戶的車子時，大概是將近半個小時後。

廠長當場檢查時，發現是她兒子改裝的東西脫落了，還好我早就先問過我們**台南這邊的廠長**，已經大概知道是什麼原因，所以跟新竹廠連絡時就已告知記得把工具帶上，因此廠長當場就把脫落的東西裝回去，前後只花了幾分鐘，如果加上廠長找不到位置的那些時間，總共也才半個多小時就處理好了！

裝回去之後，廠長知道他們要開長途，於是又順便幫他們檢查了其他部分，並且跟老闆娘解釋車子會這樣是因為有改裝東西，那個東西壓力太大彈開了，並不是我們的車子有問題，這一點一定要讓客戶知道，不然客戶會誤會。

雖然一開始發生這件事情讓老闆娘不太高興，確實才剛交完一部新車，另一部舊車就有狀況，真的是很尷尬、也對客戶很不好意思，所以她不高興也是必然的，但也幸好我很快速的把問題處理掉，所以整件事情讓老闆娘覺得還算滿意。

所以，**就算距離相隔那麼遙遠，也是一通電話解決**，完全不會影響到我的服務品質！為什麼？因為我知道可以怎麼解決、也知道如何快速找到對的人去幫我解決問題！

所以就算客戶在新竹找當地的業務處理，也不見得會比我只花了半個小時要來得更快速！

處理問題，是需要很清楚的頭腦先冷靜分析、判斷，再加上很靈活有效率的人力調度、還要有足夠解決問題的專業能力和知識，才能做出正確的判斷加以協助。

所以我的車子能賣到全省和離島，服務當然也要做到這樣，才敢跟客戶保證：「全省服務，距離真的不是問題！」而且，效率還更好。

22 逆勢攻心的說話術

金句

說服力好的人，業績不會差。

有一個髮廊主任本來就**很不喜歡**我們的車子，主要也是聽周遭朋友說過許多類似品牌情結的話，所以有了先入為主的成見，認為韓國車就是不夠好。

有一天，我一位客戶剛好是她們髮廊的廠商，無意中跟她聊到車子的事，知道主任想買車，於是就介紹她來跟我買。但是一開始不管我怎麼連絡，主任都不願意讓我過去拜訪她，一直推說等到確定要買車時再跟我連絡；另一方面，她一直聽我那個廠商客戶說車子有多好開，聽到有點心動了，希望客戶把車子開去給她看。

但是那台車是我客戶太太在開的，而且車上還堆滿了貨品，要搬來搬去很麻煩，不方便開去給主任看，客戶跟她說：「沒關係啦，阿貴人很好的，讓阿貴開車過去給妳看就好啦，何必那麼麻煩？」她眼看無法再推託，這才勉為其難的答應讓我過去拜訪她。

結果，我第一次專程開車過去時沒有遇到主任，事後主任也沒有跟我連繫。隔天一位新竹的客戶打電話來想看車，我答應對方大概下午三點半左右會趕到新竹，講完電話後我又打電話問主任有沒有空，我能不能車過去給她看？我算一下空檔時間是來得及的，主任剛好也有空，於是我十二點多過去跟她介紹車子，談完之後主任提到她聽說現代汽車的零件很貴、故障率也很高……之類的。

當然我又跟她說明了一次，接著我問主任有沒有考慮這個月買車？對方說有，考慮完之後會打電話給我，我說我現在要趕去新竹，拜託她考慮完之後一定要打給我。

後來我還是沒有接到主任的任何電話，我知道對方還沒有很喜歡我們的車子，所以一直沒有回應。我其他故事有說過，成功銷售的第一要項就是：客戶一定要喜歡我們的車子，如果第一要項沒有達到，那後面就都不用談了，所以首要之務是先讓髮廊主任喜歡我們的車。

對方以前開過一台BMW，發生事故撞壞之後都是由她先生接送，她已經很多年沒開過車了，加上介紹人說她的個性天生就是比較謹慎，所以要打動她、讓她喜歡我們的車子不是一件容易的事。

自從那次看車她沒有後續反應，接著沒多久我又主動開我們賣得很好的柴油車去給她看，講完之後，她突然問我：「你們有沒有房車可以參考？我覺得休旅車太高了，感覺上女生開起來似乎不是那麼安全。」

我說：「我們沒有房車，但是有1.6的轎旅車，比較低一點。」

她問：「車子是什麼樣子？」

我立刻毫不猶豫回公司換開1.6的轎旅車過去給她看，看完了又載她去試車、試完車又回去繼續談，到最後，還是那句話：「等考慮好了再告訴我。」

一聽到她這麼說，我就知道當下不需要再多講下去了，因為她還沒有很喜歡我們的車子，多說無益，說多了也只會惹人厭煩而已。

做業務的人，一定要懂得察言觀色，去判斷有沒有辦法馬上談成、以及對方的想法和感受如何？才能拿捏好跟催的態度和分寸，以免讓客戶覺得壓力太大而產生不愉快。

這之中對方有說了一句很關鍵性的話，她說：「如果我要買這個東西，十個人有六個說這個東西好，那我就會買。」

我覺得這個邏輯是可以接受的，我跟她說：「**妳問的這十個人是不是都是開T牌的？**他們當然不會說我們的產品好！妳要問像小謝（介紹人）那樣的車主，他從以前買喜美開始，後來換福特、T牌，到最後開現代車，一直開到現在，前陣子又多買了一台我們的車，還介紹很多朋友來買現代車，妳應該要問有開過現代的車的人比較準。」

我們在她的髮廊裡談了一段時間，到後來她們其他員工也幾乎都站在我這邊幫我講話了，因為整個談話的過程中，我不僅講得很有道理，而且講話語氣又很好、很有禮貌。但是我知道就算其他人也站在我這邊，主任還是無法決定，因為在試車的時候她跟我說等一下有個客戶要來剪頭髮，他是馬自達的業務，暗示我她也打算跟馬自達的業務聊看看再決定。

沒多久，果真在我們正在談話時，外面有一台車開過來，看起來應該是馬自達的業務，於是我立刻起身告辭，以免尷尬。

離開之後，我又去中古車商那裡處理另外一位客戶的車子，忙完之後我再度打給主任，跟她聊了很久，聊到她已經開始有點喜歡我們車子的時候，她要我再把另一款開去給她看一下，我趕緊又開了ix35過去給她看。

就這樣，我來來回回的不知道開了幾台車過去給她看、也不知道跟她聊過多少次，聊到她們髮廊的人每次看到我都說：「怎麼這麼勤勞又來了？」我就回說：「有跑才有機會啊。」

但是，她始終還是沒辦法下決心要跟我買車，因為她聽到的都是說我們品牌不好，說的都是負面的話，所以她雖然已經有些心動了，但是每次別人一潑冷水，她就又開始猶豫了。

我也再三跟她強調：「如果我們的車子品質真的有問題，我不可能一年還賣二百多台，我可能在公司裡等著被客戶**丟雞蛋**就好了！」

我跟她說：「選對產品很重要，但是選對人（業務）更重要，因為售後服務是很重要的一環！如果有好的業務能幫客戶處理好大小事情，妳會發現省掉非常多的麻煩和時間。」

到了不知道我是第幾次去跟她拜訪時，好不容易她已經有考慮要買我們的車了，但是換成卡在她先生有不同的意見。

她先生不是對我們的車有什麼意見，是對她買哪一款車有意見。她先生希望她買旗艦款、有天窗那一款，但是她說如果要多花五萬元，她寧願去買房車，不買ix35，他們夫妻倆對於車款沒有達成共識，事情又繼續卡在那裡。

於是我問她：「能不能把妳先生的電話給我，由我來跟他談看看？」

她隔天把她先生的電話給我時，特別交代我晚一點再打給他，因為天氣很熱，可能會影響她先生的心情，我說我了解，我會等到傍晚太陽下山之後再打給他。

到了大概六點多時，我打去給她先生，先跟他自我介紹了一下，接著跟他說：「呂大哥，如果可以的話我開車過去給您看，再當面跟您介紹。」

他說，沒關係，他知道我們營業所在哪裡，等一下會過來，問我們營業到幾點？我說：「我們通常是到九點，沒有值班的話時間可以自己規畫。」他說好，他九點之前會到。

他來了之後大概只停留了半個多小時，其中十五分鐘都在講電話，我跟他實際談不到十五分鐘，**他就變成站在我這邊**、支持我了。

在短短的十五分鐘裡，我跟他說：「主任看中的是屬於中間等級的ix35，這台車跟頂級車價差五萬元，差別只在全景式天窗和免用鑰匙啟動。主任有預算考量，她說多五萬元就超出她的預算了。這二部車只差在這兩樣東西，要看用不用得到？如果不是很常用到的話，中間這個等級的車子就已經．夠好了。」

我繼續說：「中間這個等級的車子價格是八十一．九萬，有恆溫、八向電動座椅、車身穩定系統、車身防傾系統，而全台灣所有的休旅車中，也只有這一款有車身穩定系統！它的好處是，即使駕駛人遇到不熟的路況緊急轉彎轉得太猛，它也會控制剎車系統，把正確的路徑修整回來。而車身防傾系統則是有時候突然有車子衝出來，駕駛人會因此閃避，休旅車很高，不小心可能會傾覆，而防傾系統就會把車身穩定下來。」

「通常只有一、二百萬以上等級的車種才會有這種配備，所有的國產車都沒有，只有我們這一款有。」

聽到這裡，**呂大哥的眼睛為之一亮！**

接著我講解到踏板：「一般油門踏板是屬於懸浮式的，像C牌1.6，我都說它是四人座，因為它比較窄，寬度才一六五公分，坐兩個人剛剛好，坐三個人就很擠，前座手肘還會互碰，它就是懸浮式扭力軸，顛簸時會比較不舒服。」

「我們的車子是配備地駐型油門踏板，腳可以放在上面休息，開長途時會覺得很舒適。地駐型的加油踏板也是一、二百萬的車種才有可能配備，像奧迪、福斯，VOLVO、雙B、捷豹的車子才有地駐型加油踏板，國產車從來都沒有。」

他聽到這裡眼睛再度為之一亮，更為心動！

每個業務都該對競爭品牌要有一定的了解，包括車型、功能、出廠年份都要做功課，才能夠分析優缺點給客戶聽，客戶才會相信我們的產品比別人好是有真憑實據的，而不是空口說白話。

「另外還有足踏式煞車系統，就是腳踏式的煞車取代傳統的手煞車。手煞車是控制後輪，停在斜坡時一定要拉手煞車，進口車、雙B都是做腳踏的，這樣駕駛人右邊就不會被拉桿佔用了大片的空間，整個中間部分變成是置物箱，增加更多收納空間。」

「再來就是後面的懸吊系統，一般休旅車因為車身比較高，所以後座乘客會覺得比較晃，不像坐房車那樣四平八穩，尤其如果駕駛的開車習慣不是很好，常常踩煞車，那後座乘客就會被甩得東倒西歪，會很不舒服。但是我們的車子後座因為有懸吊式避震器，它的減震筒跟彈簧是分離的，而且彈簧沒有連接車身，所以地面的震動傳到彈簧時會被抵銷，不會讓乘客感覺到。而前座的避震器是側向負載彈簧，它是斜的，比較符合輪胎震動方向，就不會卡卡的產生震動。這都是一般消費者看不到的地方。」

說到這裡，看得出來呂大哥已經非常有興趣了，只差臨門一腳。

「再來，這部車是目前市售唯一六速手自排休旅車，六速手自排變速箱的優點就是換檔不會頓挫，又有省油的特性，一公升可以跑十一．三公里（在當時是很高的）。另外它有智慧電力控制系統，只要電力可以維持在七成以上，當車子在爬坡或超速時，它的發電機都不會去充電給電瓶，這樣才不會產生重拖油門的問題，就不會耗油和感覺沒力。」

說完之後，呂大哥不僅很喜歡，而且決定站到我這邊來了！我繼續加碼說服：「呂大哥，主任很重視您的意見，您一定要幫我跟主任美言幾句。」這句話其實是對他說的，讓他感受到我們很尊重他的看法，不然其實主任早就說要訂這一台車了。

他立刻說：「你放心，沒問題！」果然，隔天一早我就打電話給主任，她說可以去收訂了。

主任又說，其他交車的細節跟她先生談就好，我接著就打電話給呂大哥，我才一提到說我剛剛去主任那邊訂完車、寫好契約了，要跟他商討其他的細節時，他突然有點不高興的說：「訂都訂了，還講什麼細節！」

我立刻明白，**他可能是感覺自己有幫到忙，但卻只能參與到最後的細節而不太開心**，於是我話鋒一轉：「呂大哥，您昨天一定是有幫我講好話，所以主任才會答應跟我買車，而且訂的還是您喜歡的銀色（這個一定要說，因為要以他為尊！），主任說，因為您比較懂車子，所以包括配備、保險和頭期款的部分，她都說要問過您才算數！」這樣一講，他才比較釋懷，也才終於完成了這筆一開始就困難重重的訂單，皆大歡喜。

23 失敗不必再糾結，前方還有新的路

金句

身為業務員都應該有個原則：不要用殺價來留客，到最後受害的還是自己！

這是一個什麼都可以反悔的客戶，一天之內可以反悔很多次，儘管我是不容易放棄的人，但從她身上學到很重要的一件事：**該放棄的時候，就甘願一點**，這樣才能盡快從失敗中站起來，再接再勵。

好幾年前八八風災造成南部重創、許多偏遠村落都遭到滅村的命運，受損車輛暴增，我們營業所變得非常忙碌，從早忙到晚，因為有很多客戶的車子要換、要大修，或者是要賣掉。這時候，一位客戶介紹他阿姨來跟我買車，他阿姨也是受災戶。

八八風災過後大約五、六天，她跟我約去她家談車，到她家時大概是晚上十一點。我到的時候，看到她家簡直是滿目瘡痍，已經完全看不見傢俱了，只剩下一盞昏黃的燈，很暗，空蕩蕩的屋子裡只有一個玩具鯨魚的尾巴可以勉強坐一下，也沒有桌子，所以就用我的公事包當桌面在上面講解。

我們講了半個多小時，知道她的車子跟傢俱一樣都泡水泡壞了，而且泡水車一定要在二天內處理好，不然錯過頭二天的黃金搶修時效，車價可能會從十五萬跌成一萬五，而維修費更有可能因為多放一天而倍增！

她的車子已經放了五、六天了都沒處理，那個應該根本可以不用修了！她就說那乾脆泡水車讓我處理，又談了新車的價錢，但是新車的部分她開了一個很離譜的低價，我沒有辦法答應就先回去了。

隔天，我打電話給她，告訴她可能有一個方案可以多少幫到她——我們公司針對災區的泡水車有一萬元的補助，再加上我盡量幫她爭取多一點的回饋，這樣加一加多少也可以補回一些。她說這樣她可以接受，於是我跟她約好過去載她一起看新車。她姊姊和姊夫也說要陪她一起來看車，所以我們就一起出發，我載著她，她姊夫開車跟著我的車。

我帶她先去看顏色，她想看紅色，我麻豆有一個客戶的車剛好是紅色的，於是我就打給麻豆的客戶看看能不能讓我帶人去看他的車？只看外觀就好，不必試車，對方也答應了，然後我們就一路開車去麻豆，看車完全是臨時的，因為我並不知道她想看紅色的，當場麻豆的客戶還不斷幫我講好話。

看完車之後回到我們營業所，本來是講好可以順便辦貸款了，所以銀行的行員也來公司等了，但她突然又說想看銀色的，不巧我們現場展示是黑色的，所以可能又要聯繫去別的客戶那裡看，正在連繫時，她又看到我們牆上的海報上面有寫買車贈送ＤＶＤ，當下有點責怪我不老實，沒跟她講這件事。

但她完全不記得那天我們在她家客廳談的時候，我有問她是要免費裝ＤＶＤ還是換成二萬元的折扣優惠？我還跟她說，如果現在用不到ＤＶＤ，現金最實在，她當下是選擇二萬元的優惠，可能忘記了，現在看到海報，竟然很不高興！

我說：「我有講，妳外甥也知道，我不是把ＤＶＤ換成二萬元現金折給妳嗎？」她聽了不置可否，但是堅持要回補一萬元裝回ＤＶＤ。

我說：「這樣我要再虧一萬元，車子已經算很優惠的價格給妳了，再損失一萬元幾乎是賠錢了，真的沒辦法。」我又沒有頭殼壞去。

但是講了很久，講到最後她只願意回補一萬五千元裝回ＤＶＤ，我得自掏腰包幫她墊五千元，說完後，也不管銀行行員早就等她很久了、甚至也不曉得還要不要訂車，一行人就說要先去吃午餐，直接走出去了，留下我跟行員愣在當場，我只好一直跟對方道歉。

過了許久，他們總算吃完午飯回來了，但是我隱隱約約有第六感，覺得她還是會有其他變數，而且做人不太實在，所以已經有點不太想賣給她了，但是她既然回來了，我也只能盡力幫她處理後面的流程。

辦完手續後，知道她要重新買傢俱，所以開車專程載她回家去測量一次，之後又載她去我認識的傢俱商那裏看東西，結束後還載她去西港再看一次另一位客戶銀色的車，最後再載她回家，東奔西跑一整天幾乎都在忙她的事情。

她回去前，我還交代她一定要把泡水車的鑰匙拿去給車廠（那部裕隆泡水車已經停在車廠了，我安排好要用拖車把它拖走），那幾天拖車很不好叫，生意超好的，所以我很怕拖車到了的時候鑰匙還沒送達。

我又一再跟她確認要準備哪些東西，我的習慣是會把所有我想得到的細節全部一次交代清楚，以免有所遺漏、徒增麻煩。

都交代好了之後，接著我就趕到新化去談車。我人才剛到那裡，她就打電話來反悔了！結果我根本沒時間好好跟新化的客戶談車子，從頭到尾一直都在接她的電話。

她在電話中說，她的車子暫時不想報廢了，因為她姊姊有同款的車，但等級沒她的高，她外甥對車子懂一點，他想要把一些有用的零件拆過去讓他媽媽的車子升級，而且外甥跟她說，車子拆完之後還是可以報廢，所以對我們沒影響。

但這完全是他們一廂情願的想法！因為經由公司報廢，會有一萬元的補助，但前提是必須要有進廠維修的記錄，車子一定要拖回我們這裡、證明需要報廢，公司才會補助一萬元，如果是他們自己拆卸報廢，公司是無法補助的。

而她外甥一開始並沒有說這部車他要處理，等我們的拖車都已經到門口了才這麼說，造成拖車公司的困擾。但是儘管我在電話裡跟她講了二十幾分鐘，她仍舊不讓我們拖走，當時拖車商非常忙，一整天案件都排得滿滿的，眼看已經讓他們在現場白耗了快半小時，我只好跟廠商不斷說抱歉，請他們先離開。

拖車離開之後，沒想到她又很不高興的打電話過來，要我馬上趕到善化的裕隆原廠去跟她一起處理泡水車的事。我只好又跟新化的客戶道歉，說我必須先行離開，另外再約時間過來講解。

我趕到裕隆原廠當面跟她談的時候，她因為聽不懂我的意思，所以一直很生氣，覺得怎麼會連自己的車子都不能決定要如何處理！接著也不管是不是已經跟我談妥了、也不管我們雙方還簽有契約，最後的結論就是不讓我把車子拖回公司處理。

我想，那也就算了，但是報廢單可以還給我吧？因為有了報廢單，就等於有報廢記錄，但實際上根本沒有完成報廢手續。結果她不願意還，堅持要自己去報廢，然後再把報廢證明交給我，叫我去跟公司申請一萬元的補助退給她。

我看溝通無效，只好跟她外甥溝通，沒想到他也覺得不能接受，他也堅持一定要把那些東西移到他媽媽車上再自己報廢，不明白為什麼這樣就不能得到公司補助的一萬元了？

但公司的規定就是這樣，於是我只好換個說法，我說：「那些東西可能大部分都淹壞了，這麼大費周章的移過去也不一定能使用或相容，為什麼要多此一舉？還不如直接經由我公司報廢、拿回一萬元比較實際。」她外甥聽一聽好像也對，這才決定不要拆卸了，**事情繞了一大圈終於回到原點**。

問題雖然總算落幕，但是整個氣氛都被搞得很僵，我那天也沒辦法再請車廠出動拖車，只好先回公司。

我忙到晚上十一點，累了一天才剛回到家她又打電話給我，下午才說好的事，沒想到晚上又反悔了。

這一次，她整個大翻盤，說她朋友要幫她修理那部泡水車，修理完再開，所以連新車都不買了。

但是，新車的手續都已經辦好了、銀行的貸款也都申辦了、訂金也收了，整個下午都在處理她的事情，為了她還把新化客戶的事情延後……結果兜了這麼大一圈，加上白紙黑字的契約寫得一清二楚，我真不敢相信，這樣她還是可以反悔，推翻一切！

說真的，這時候我已經是一百二十萬個不想賣給她了，但是一想到她要繼續開泡水車，就有點於心不忍，於是又耐著性子提醒她：「那台泡水車都已經放五、六天了，修理起來費用絕對是不划算的！而且什麼時候又會故障拋錨都不一定，所以才要報廢、連賣給別人都沒辦法，妳何必冒著風險拿自己的安全開玩笑呢？」

她說，她朋友跟她說只要多少錢就可以幫她把車子修好，我建議她可以再問清楚一點，那台車真的沒有修理的價值了，我不是為了賣新車給她才這樣說，要的話也可以幫她賣給中古車，沒必要叫她報廢，她答應隔天再跟我說。

隔天，一直等到晚上十一點多，她才打電話來，**但打來卻是直接問我訂金什麼時候才要還給她？**

到這裡為止，我依然很有耐心的希望能說服她，但是她一開始就不太讓我插上話，自己一股腦的講了一堆，等她講完之後我只跟她講了不到三分鐘，她就急著說明天還要上班、要早起，就掛電話了。

坦白說，我一向很自豪自己幾乎很少腎上腺素飆升的，就算碰到再難搞的問題都一樣，但是這一次真的快要破了我的極限！當時是晚上快十二點，她也不再回電話、或是接電話。

我坐下來仔細回想這整件事情，想了半個多小時，雖然不知道她是真的要繼續開泡水車、還是另有打算？但是很顯然是她不願意跟我買車、讓我服務。

思考完了之後，我發了一封簡訊給她：「買新車應該是開開心心的，但是現在整個成交的氣氛都被搞僵了，我不希望妳買車買到不開心，所以訂金我會全數退還給妳，等妳有時間再拿訂單來退。」

她到大半夜才回簡訊，說她知道商業周刊有報導過我，誇說我真不愧是商業周刊的名人，態度很好、服務很周到、人有大器……之類的，這件事就這樣白忙一場落幕了。

後來我輾轉知道，在她外甥介紹給我之前，其實她已經先打電話去另一間營業所問過了，而另一間營業所的業務員也早在我去拜訪她之前就先去跟她談過了，她一直在我跟另一個業務員之間比較條件，後來跟我退訂，是因為那個業務員答應給她比我更低的價錢。

我對自己的價錢一向都很有自信，如果我會在價錢上輸給其他業務，那個業務一定是百分之百虧錢賣車！

我算一算，對方應該虧了將近三萬元，也沒拿泡水車的補助款，這個案子這麼麻煩、還虧錢，對方也願意成交，說到底還是那句無奈的話：「業績，是業務員永遠的弱點！」業務員的績效和利潤之間，常常就是這麼無奈的互相衝突。

但是，身為業務員都應該有個原則：**不要用殺價來留客，到最後受害的還是自己！**業務這一行，要賺錢靠的是客戶對你的服務很滿意，讓他們願意再三上門，甚至介紹親朋好友給你，這樣才會賣得多、賣得久。

所以，當一個業務員的服務很令人滿意、很有價值時，他自然吸引到的、累積到的都是願意付出合理報酬，來跟他維持長久關係的好客戶。

如果客戶跟你說他不需要什麼服務、只要便宜就好時，相信我，他真的就是「不需要什麼服務」！因為他以後也真的不打算再找你、或者是跟你聯繫，更別提會想要介紹什麼客戶給你了，這對業務來說絕對不是好事！**只做一次的生意，怎麼可能會是好生意呢？**

賠錢做生意卻得到這樣的客戶關係，業務員還不是最大的輸家嗎？

24 最後5分鐘的關鍵電話

金句

在談case時，就算尿急我也不離開座位，因為只要你一離開，人家就會交頭接耳、就變成有空間重新思考了。

有一個客戶住在嘉義，一開始是透過別人介紹，說想要參考我們的休旅車，我當天就寄了型錄給他、也介紹了一些優惠，但是談了幾次，客戶都說他還沒有決定，也不希望我過去拜訪他，因為還想要參考另一款國產L牌的車，說等他決定好了再讓我過去，不用特意跑一趟。

一、二個月後，我們剛好有一台領牌車可以賣。有時候在快接近月底時，如果大家都還有缺一些業績，公司可能就會有少量的領牌車釋出來，讓業務員可以先把牌辦下來，再過戶給客戶，不過領牌車通常數量很少，也無法選號碼，所以會比一般車更優惠些。

我跟嘉義的客戶說，這台領牌車比較特別一點，可以直接用客戶的名字領牌，不用過戶，但一樣是比照領牌車優惠給他，大概可以優惠二、三萬元左右，不過這二、三天就要決定，如果有喜歡，是一個很難得的機會。

對方聽了有心動，但還是無法決定，他說他都還沒看過我們的車子，只是在路上看過而已，一直沒時間去店裡看車，然後身邊朋友對他想參考的車子都會出意見，一直講什麼車比較好，加上他自己也很想看看L牌的車子之後再決定，所以還是一樣要再看看，後來一直拖到月底都沒決定，領牌車就只好讓給其他人了。

其實他說還想參考別人的車，從我們第一次聯絡時就不斷有提到，他一直說要去看車，可是又遲遲不去看，每次都說沒時間、沒空，我說要開試乘車去給他看，他也不要，說還沒看過別家的，要一起看過再決定。

隔月我繼續追蹤，我們通了許多電話，他給我的講法還是：「還沒決定要買哪一台，等他都看完了之後再說。」所以事情又回到原點，客戶一直沒空去看車，不管是真的還是藉口，但客戶想買車是確定的，介紹人也很積極的幫我推薦，就只差在客戶想比較車種，所以遲遲無法決定，於是我把這個案子寫進「客源開發資料」筆記本裡，列為目前無法成交、待追蹤的客戶。

後來也打過幾次電話，客戶還是一樣回答沒時間，就這樣過了一、二個月，我再提出要開試乘車去給他看的想法，他說這樣還是無法決定，因為他也要試乘過L牌的車子，所以我開去也沒用，他一定要二台都比較過才有辦法決定。

一聽到他這樣說，我腦中閃過一個警訊：站在銷售的立場，如果客戶先試完我們的車再去試L牌的，我們會比較吃虧，**先講的一定先輸**，第二家有太多機會可以拿我們的條件和細節來做文章、改變客戶的想法，所以我不能先開試乘車去給他看，這樣風險比較大，我不知道另一家會攻擊我們什麼？

但這樣卡住好像也不是辦法，我突然靈光一閃，想到一個從來沒有人用過的方法——既然客戶始終都沒空去看車，我決定把我們的車和L牌的車一起開到他家去給他看，**這應該是業界史無前例的創舉了！**

剛好不久前我遇到一個L牌的業務，他是我以前客戶的兒子，我十幾年前賣過車子給他爸爸，後來他也進了汽車銷售這一行，有一天他拿著商業周刊報導我的那一期、以及我寫給他爸爸的生日卡片和賀年卡片說要來拜訪我、跟我請益一些事情。

我之前並不認識他，當天見面他的應對談吐和態度都很不錯，是個讓人很欣賞的後輩，聽說已經在高雄的L牌做到副理了，是個很拚的年輕人，才二十幾歲而已，他說常常都自己一個人在公司打電話打到晚上十一、二點才回家，我從他身上看到一個人要有一些成就，**一定要跟別人有不一樣的做法和堅持**。

我聯想到是不是剛好可以跟他一起合作？重點是人家在高雄，不知道肯不肯開試乘車到嘉義民雄？而且客戶只有晚上才有空，路途還很遙遠，回去可能都要半夜了，但是我也不想另外找嘉義地區的L牌業務過去，因為至少這個副理我認識，也覺得很不錯，不是隨便一個菜鳥或阿貓阿狗，如果客戶後來是決定跟他買車，我不用擔心後面會有什麼狀況。

想到立刻去做，我打給他跟他提出這個建議，我跟他說：「這個客戶是一定會買車的，只是做生意太忙一直沒時間去看車，他想要同時參考你們家的XX、以及我們家的XX，如果我們可以一起開過去，會加速客戶做決定，這樣大家都有機會，但不知道這麼遠你方不方便？」

他很爽快一口答應，我也先跟他把話講在前面，大家各憑本事爭取，因為我想賣我的車，你也想賣你的車，我們誰都不會讓誰，但是彼此互相鼓勵，因為一直都沒什麼進展，這次能不能成功我也不知道，我覺得努力過了隨緣就好。

接著打給客戶約時間：「我們會開這兩台車過去，你一起比較，就知道你要的是什麼了，如果還不行，我也想不到還有其他更好的方式了。」客戶終於同意晚上讓我們過去。

約好的當天晚上，我們兩台車幾乎同時到達，客戶的地方蠻鄉下的，在一間廟旁邊，房子有點類似以前的三合院，後院可以停車，但是沒什麼燈光，唯一較亮的光源就是路燈，我們把車子都停在那邊，只有微弱燈光可以看得到這兩台車。

那個場地和光線也不適合試乘，開出去也不方便，因此我們就在原地介紹，現場除了客戶，還有他老婆和讀國中的女兒，我印象中他老婆好像是外籍新娘，但她國語已經很會講了。

他們一家人一起出來看車，他跟老婆和女兒就坐進兩台車裡感受，我跟副理開始介紹有什麼配備、哪個等級的、一些配備怎麼操作……等，他介紹他的，我介紹我的，副理介紹時我也會跑去聽，等他們繞過來看我們的車時，換副理在旁邊聽。我們各自介紹，沒有互相攻擊，我們只能講自己的優點，盡量避開互相比較，不然會尷尬。

他比較佔優勢的地方是，他一千八百c.c.，我們二千c.c.，價格落差不大，但是他的稅金比較便宜，再來他們的特色就是影音配備比較炫，如果有看過廣告的話就知道，他們前面的喇叭可以升上來，打開音響時它會像電梯一樣升上來，配備也比較豐富一點。

實車介紹完了，再來就要捉對廝殺了！我們兩人一起進客廳入座，而且坐在一起，那種場面是不是很尷尬？**其實不是我們覺得尷尬，是客戶一家覺得很尷尬！**因為從來沒有遇過兩家汽車公司的業務同時來推銷車子的，感覺他們有點不自在。

一坐下，攤開資料，我有購車計劃書，但是副理沒有，其他汽車品牌大部分都還是習慣寫在白紙上面，或是寫在型錄上面。

我們把條件和細節都一一攤開討論，其實兩家的優惠都差不多在那一、二萬之間，但L牌不一樣的地方是，他們不是從總價降優惠，他們是優惠在配備上，例如多送二萬元的配備給你，也算是變相優惠，比如說七十八萬的車，加了影音可能是八十萬，然後算你七十八萬，他在帳面上寫有優惠二萬，大概是這種方式。

這組客戶感覺比較著重在二個部分：第一是車價和稅金，第二是整體外型。因為也沒有出去試開，所以沒有試乘的感覺可以評分，而我們車價差不多，但稅金我們貴一點，配備是L牌比較多一點，但我們的優惠是現金直接折抵，所以感覺車價有更優惠一點點，所以當下那個攻防，真的是很微妙。

我看得出來客戶比較喜歡L牌的，但是他老婆似乎比較喜歡我們車子的外型。其實我們這款車有做過一個全球統計，我們這款是全世界最受女性歡迎車種第一名，女生多半都比較喜歡它的外型和感覺。

不過客戶是比較偏向L牌的，聊天中客戶就問老婆：「妳比較喜歡哪一台？」老婆說：「你決定就好了。」然後客戶就順勢問副理說你們什麼時候會有車？現在有什麼顏色？掛牌費怎麼算？**都已經問到這邊來了，我就知道我輸了！**

他們聊了一些細節，接下來客戶對我說了一句：「那我買L牌的，對你會不會不好意思？」我說不會不會！**其實心裡面已經在淌血**，但表面上還是要講不會，我跟他說：「我們今天來的目的就是要讓你們看看喜歡哪一台，你買他的或是買我的都一樣，你不要有心理壓力。」

事實上，客戶他們喜歡什麼，你也不能多講什麼，總不能去攻擊對方的弱點吧？只能順其自然。眼看他們已經快要決定買L牌了，就在這個時候、就在那個moment！副理剛好接到一個電話，他就站起來走出去講電話！

你們喜歡看球賽嗎？我很喜歡看網球賽，我覺得自己當下就像某一局比賽，雙方已經苦戰到第五盤了，比數1：0，眼看我就要輸了，結果在最後決勝的關鍵時刻來個大逆轉，對手宣布因傷棄賽！最後五分鐘副理竟然接到一通電話，**而且還走出去講電話**。

講真的，他出去外面講電話應該還不到五分鐘，但是在某些情況的商談中，接電話是很忌諱的，離開現場講電話更是大忌！我們跟客戶在商談的時候千萬不要離開，這一點很重要。

我其他故事也有說到，其實在談case時，我不會離開座位，我一定會把所有的東西都帶齊，不要漏東漏西又去拿，因為只要你一離開，人家就會交頭接耳、就變成有空間重新思考了，所以我絕對不會離開，就算尿急也憋著，一直到客戶簽訂單、付訂金，我才會離開，就是為了防止這樣的事情發生。

他如果早接到電話、或者晚接到電話，搞不好都會成交，但偏偏就剛好在那個時間點，都已經快要拿訂單出來寫了，沒想到他在那個時間點走出去了！

他一走出去，我的機會就來了，這時候我們就要主動出擊，我前面就很明顯感受到他老婆是喜歡我們家的車，所以我就針對喜歡我們的人下手，我對客戶老婆說：「其實這兩台車子價錢什麼的都差不多，就只差別在稅金，不過買車也是要看服務，我們比較近，包括維修據點我們也比較多，後面服務也要找對人，服務起來才比較方便，他們的據點可能要跑到哪裡去才會有，你們又住在民雄比較鄉下的地方，有沒有方便對你們很重要。這句話他在現場時我不好意思講，但你們可以考慮一下我講的。」其實我也不是要破壞他，因為我也不曉得他會講多久，我只是趕快講出我們的優勢，讓客戶評估一下。

「還有就是，你們不是要買休旅車嗎？我們的高度和寬敞度那些都比較夠，是比較正統的休旅車，他們是比較低矮的轎旅車喔，不是休旅車。」副理攤開放在桌上的型錄上面就清楚寫著轎旅車。

結果，我從這邊突破是對的，他老婆看到副理不在，也搭腔說了一句：「我也感覺這台二千ㄟ不錯，好啦好啦，攏差不多，買這架丟厚啦！（台語）」

我們其他故事有聊到，客戶決定性的話，我們要緊抓著不放，當下我把握機會立刻說：「感謝大嫂！希望能給我這個機會為你們服務！」所以等副理講完電話走進來時，我已經在寫訂單了。

我跟副理說：「不好意思，大哥決定要買我們的。」副理也立刻說：「大哥，你就跟林經理買就好了，那我高雄還有一個客戶的約，我就先回去了。」

我等於是得到一個首肯，接著說：「副理，以後有案子再介紹給你。」這可不是客套話喔，後來我也兌現承諾介紹他好幾台，只要客戶有想要參考他們家的車，我都會介紹給他，這又是另一個故事了。

Vol. 03

態度決定你是誰，不是品牌

客戶對業務員最大的抱怨就是：「成交前，態度非常之好，再遠都來；一旦成交後，就算在隔壁，叫都叫不來了！」

25 辦不好女王

金句

服務一定要擺在業績前面，沒有好的服務，就不可能有多好的業績。

我們這地區有一家規模很大的連鎖商，專門在做貨車車廂，因為是這裡最有規模的、也是唯一的一家，沒有其他人跟他們競爭，因此非得給他們做不可。

但是他們老闆娘是業界口中有名的**「辦不好女王」**，辦不好的地方倒不是品質有什麼問題，而是因為他們的接案量太大，所以交貨時間從來沒有準時過，延誤個幾星期根本是家常便飯！例如她原本答應你交貨的時間是二、三天，到最後一定會拖到二、三個禮拜以上！

我第一次跟她配合的時候，她跟我講幾天交貨我就傻傻的跟客戶說幾天，結果時間到了她沒有貨，又跟我說還要再幾天，我就又傻傻的跟客戶說還要再等幾天，等到第三次還是沒辦法交貨時，客戶就翻臉了！

當時我委託他們裝一個冷凍車廂，車廂裝好之後，要配合另一個廠商裝冷氣，全部裝好才能交貨給我。

結果交貨時間改了又改，禮拜五變成下禮拜三，下禮拜三又再變成下下禮拜五，我被客戶一直唸、照三餐唸，只好不斷安撫客戶，跟客戶說：「真的很抱歉，我不曉得會這樣，因為我是第一次幫人家裝冷凍櫃、又是第一次跟對方配合，我之前沒有處理過這種改裝車，也不曉得他們為什麼會這樣？但是我會親自去他們工廠了解情況，再跟您回報。」我也就真的跑過去，直接找到老闆娘。

「辦不好女王」果真的是標準的生意人，很會說一些推託的場面話，我問她為什麼一直改時間？一直沒辦法交貨？她就回說：「阿就是因為怎樣怎樣，所以就一定會怎樣怎樣啊……」就一整個硬凹，跟原先講的完全不一樣！把延遲的責任都推給別人，堅持延遲交貨是正常的，意思彷彿是大家都對他們的交貨沒意見，**為何就我意見多多？**

但我很確定自己當初在跟「辦不好女王」洽談時並沒有聽錯任何細節，而且我是個做事情很仔細的人，在裝之前我一定會對所有狀況都再三確認過，這樣才能清楚回報客戶，只差沒有錄音起來而已。

但是追根究底，雖然確定對方是理虧硬凹，但是由於受限當時只有他們這一家廠商可以做，沒辦法也只好讓他們這樣拖延，只能不斷跟客戶致歉，想辦法在其他事情上對客戶做一些補償。

最讓我不解的是，「辦不好女王」連改三次時間都交不出東西，那她幹嘛不乾脆跟我說要等一個月?!這樣我會直接跟客戶說要一個月以上，讓客戶選擇如果很趕就不要等、如果還是要裝就不要一直來催，這樣不會耽誤到客戶的事情，也不會害我被罵到臭頭，何必一定要把事情搞得這麼複雜、這麼多問題呢？

後來，為了「辦不好女王」經常一再延遲交貨的問題，我也去跟她談過好幾次，但始終沒有改善，她一樣每次都振振有詞的用一堆理由和藉口把我給堵回來，甚至還說了一句：「你如果要裝，就不要催我！」即使我的客戶量還算不小，但感覺上「辦不好女王」絲毫不擔心會失去我這個業務的訂單，真是怪了。

做生意可以做到這樣，真是令我開了眼界！自恃著獨占市場的優勢，完全不怕客戶跑掉，**這種要不得的老大心態，正是讓他們會漸漸走下坡的主因。**

到最後，我忍無可忍決定親自前往台南市區、高雄等地區去開發其他的廠商，後來不僅找到第二家廠商，甚至還找到第三家，雖然比較遠了點，但至少不用再擔心會一再對客戶失信了，我也把這些不錯的廠商推薦給更多的業務同事，而大家因為有了其他的選擇，「辦不好女王」立刻就被我們這一區大部分的業務給淘汰掉了！

其實我跟廠商一向都是合作很久的，除非真的讓我忍無可忍、或是無法再信任，不然只要跟我合作，我都能確保有很多案子能照顧到他們的生意，但是一旦讓我失去信任，我一定會立刻找新的廠商來代替，有一家跟我配合很久的音響公司，也是因為處理事情的態度有問題，後來也被我淘汰了。

以前公司配件沒那麼多的時候，我請他們裝過很多音響，有一次我無意中發現怎麼連著二個月來請款都是二十萬，我就問他們老闆，上個月不是也二十萬嗎？怎麼這麼巧這個月也是二十萬？對方查了一個禮拜都沒下文，我又打去問他查得怎麼樣？他說，喔～那個上個月收過了。

聽到他這樣回答，從此以後我就不跟他合作了！上個月收過了又重複來收，我不問的話不就變成多付二十萬？講難聽一點，我怎麼知道你以前有沒有多收？

做生意是這種態度，就不可能再合作了，可是我沒有罵他、沒有撕破臉，所謂「人情留一線，日後好相見」，我寧願用不得罪人的方式處理，以前年輕氣盛時是常常得罪別人，也沒在怕，因為覺得自己站得住腳，所以會得理不饒人，**但是歷練久了就知道，千萬不要得理不饒人！**

你越生氣、越理直氣壯的時候，更要去想想動怒的後果會變成怎樣？我有配合的廠商很多，如果我對他好，但他對我不好，沒關係，吃虧就是佔便宜，如果沒有其他的廠商可以選擇，只好勉為其難配合，但如果有其他廠商能配合，那就不會再跟他配合了。

從事服務業就是這樣，服務一定要擺在業績前面！沒有好的服務，就不可能有多好的業績。就算整個買車的過程你都讓客戶很滿意，但是只要後續服務有一點閃失，客戶就會對你留下不好的印象、對你的信心打折扣，自然也會影響到他幫你推薦的意願。

所以，就算不是你造成的失誤，但是如果遇到裝配廠、修理廠或其他部門出了狀況，而你又沒有立即處理，客戶一樣會覺得這是你的錯。**如果客戶願意罵你、聽你解釋，那還有機會，**如果直接就拒絕往來，到時候才後悔也沒用了。

26 感謝白目業務給我機會

金句

一般業務往往都只注意「自己要的是什麼」，而不太在乎「對方要的是什麼」，這是跟成功和賺錢過不去。

多年前，我們公司在墾丁舉辦優秀員工表揚大會，大會期間有一位老客戶跟我聯繫，說有個黃大哥想要買車，叫我有空盡快跟他聯絡。但因為我人還在表揚大會現場，無法立即跟黃大哥見面，只能從電話中先大概了解一下他的需求。

電話中得知，黃大哥想參考的是超過百萬以上的高階車種。依照過去的經驗，在銷售這類車款時，客戶如果不是全部用現金購買，就是頭期款付很多，很少是需要貸款九成以上的，但是黃大哥卻說他想辦那種貸款成數越高越好的。

而因為是透過電話，我沒有當面看到人、直接面對面了解，所以很難判斷黃大哥的狀況、以及他是怎麼打算的？然而就算無法立即了解他的想法和需求，但我有個好習慣就是，**絕對不會用表面條件來評量、判斷一個客戶。**

我不會去對客戶預設立場、揣測他的實力，**因為這樣我的眼睛才不會長在頭頂上**，才不會讓自己無意中流露出秤斤論兩的心態，我覺得一有了評量客戶的念頭，對客戶就很不公平。

後來我終於跟黃大哥約好見面的時間，黃大哥的店是一間位在馬路旁邊、面積約十幾坪大的工廠。是做鋁窗和不銹鋼工程的，所以工廠裡面堆放了很多機具、材料。

黃大哥有兩個女兒，黃大嫂的肚子裡還有一個即將出生的小孩。除了大女兒在上幼稚園之外，二女兒大約兩歲，她的嬰兒車就擺在工廠裡。

當時是五月的天氣，已經很炎熱了，現場又很吵雜，一進去就覺得有點壓迫感。我也注意到金屬鐵屑的環境對孕婦和小孩都不是很好的場所，而黃大哥剛好出去工作了，所以我就在工廠裡等他。

大約五分鐘之後，黃大哥回來了，我一樣很有禮貌的自我介紹，然後就開始按照他的需求來介紹和說明。在跟他商談的過程中，我才了解到原來幾天前黃大哥已經決定要買別家的車子了，但是那家車廠的業務看他要求高成數的貸款，因此一直要黃大哥提供房子做擔保。

但是黃大哥家裡只有他父親名下有房子，他說他二十二歲出來當老闆時有跟父親尋求過十萬元的資助，結果被拒絕了，他父親還撂下一句話：「要吃蒼蠅自己抓！」

從此之後，黃大哥就很有骨氣的發誓絕對不會再靠家裡幫忙！即使後來他在經營店面最困難的時候，也都是使用現金卡周轉，憑藉著那股不服輸的毅力，堅持一定要有借有還、絕不賴帳、準時還款，才讓自己的信用始終很好，也慢慢的把負債還完，到現在也算是小有局面、有了一點點積蓄。

所以，黃大哥萬萬不可能為了要買車而去向父親開口！那一位業務也真是不會察言觀色，堅持一定要有房保。這又是一個讓我想不通的業務，他為什麼不去了解客戶的背景因素和其他的付款方式，反而堅持一定要房保呢？

據說當時正巧是星期天，業務要黃大哥先支付十七萬元的頭款，但他跟業務說銀行沒上班，能不能等隔天星期一再來收？結果那名業務一開口就要黃大哥先付二萬元的訂金，還跟黃大哥**「義正詞嚴」**的說：「沒收訂金是要怎麼回公司訂車？我這樣沒辦法幫你……」

當下讓黃大哥深感對方咄咄逼人、瞧不起他，好像深怕他付不出錢似的！心裡很不舒服，事後越想越委屈，決定不跟他買了！

我心想，好一個天才業務啊！**但如果今天不是因為有這個不夠專業的白目業務，那我還有機會嗎？**

黃大哥說，他們夫妻倆已經看了三個多月的車了，原本僅有的積蓄是想要先買塊地的，但也是因為對方給他們的感受很不好、感覺自己被歧視了，所以才決定怎樣也要先買車、要買給他看！

我聽完之後，明白了他的困難和需求，雖然以他的狀況，又沒有房保，要買高價的車子有一定的難度。但是，辦法始終都有，只是看你願不願意花精神去動腦筋而已。

我幫黃大哥評估後，他的優勢是信用良好、黃太太也有擔任保人，夫妻互保也有加分作用，再加上現在銀行喜歡存摺數字出入不錯的客戶。但是即使如此，扣除掉頭期款之後，要貸到九十五萬還是有它的困難度，畢竟沒有不動產當擔保品，銀行還是會擔心風險，那該怎麼辦呢？

我離開之後，打了個電話常常往來的承辦銀行經理，將黃大哥的優勢先告訴對方，讓他對黃大哥這個case的印象好一點。另外針對銀行有可能會顧慮的問題，我也主動提出說明，例如：自營商沒有房保要貸到車價的九成、金額又高達九十五萬，那萬一自營商經營不善、倒閉了，或是資金調度有困難時該怎麼辦？他有沒有能力還款？……這些都是銀行審件時很在意的點。

我跟相熟的銀行經理說：「黃大哥是做生意的，他自己都比別人更注重信用問題！不信你可以看看黃大哥往來銀行的甲存帳號，可以去查一下他的信用。就是因為黃大哥的信用良好，銀行不怕他借錢！黃大哥原先的往來銀行一聽到他要買車，就急著招攬他去辦貸款，我是硬把他拉來跟你們銀行辦的，你可以仔細評估看看，而且客戶有還款的能力和誠信，應該比那個擔保品重要多了，**有太多的人辦卡之後不斷循環利息借款、以債養債，欠的錢都不只九十五萬了！**他們有擔保品嗎？……」

銀行經理聽了之後重新評估，也很認同我的說法，就這樣順利過件了！我幫他辦好了貸款、也幫他買到了全家人都能一起幸福出遊的新車。

事後黃大哥跟我說，我給他的感覺很不錯，不像其他人一聽到他們沒有擔保品就愛理不理的，所以他不僅決定跟我買車，而且還介紹朋友來跟我買車。

從黃大哥的例子中，我發現一般業務往往都只注意**自己要的是什麼**，而不太在乎**對方要的是什麼**，對客戶沒有同理心，不曉得去觀察客戶的狀況、了解他們的需求！

因為你沒有把客戶放在心上，可能因此而錯判了一個好客戶，不只是損失了一張訂單，更重要的是你還失去了他下次願意幫你介紹的機會！這無異是跟成功和賺錢過不去。

27 同一家公司賣出11輛車，從老董事長賣到接班少東1

金句

我每次去從沒空手而回過，去了一定就是訂車，從不需要跑第二趟，因為董事長要講什麼我都懂了。

我前後總共賣給這家公司十一台車，他們在中南部是一家規模很大也很知名的農產品加工公司，十幾年前他們就已經有五家工廠了，也是我們那邊的大地主，有好幾甲的土地都是他們的。

他們公司的業務很多，全省都有，每台業務車一年下來都要跑上六、七萬公里。我是透過保養廠介紹認識他們公司一位業務張大哥，他的業務車因為開很多年了，想換車，我去跟張大哥談車的時候，他其實已經跟我們其他營業所的業務員談過了，所以對我們的車種都有基本的了解，但是他沒有很欣賞那個業務，感覺不是很實在也沒有很積極，所以談一談就沒有繼續談下去。

張大哥很喜歡我們新推出的一款柴油休旅車，當時他們公司有十幾台業務用車，全都是廂型車，因為要載貨。我們公司這款休旅車雖然不是廂型車，但是後排椅子可以整個往前翻倒，就變成很寬敞平整的空間，可以當成廂型車來載貨，再加上外型不錯、跑起來很快，又是休旅車的樣式，畢竟開廂型車還是很像貨車，這一款平常開出去也很好看，感覺就是不一樣，因此張大哥很想換這一台。

我們談得很順利，張大哥也選了不少比較頂級的配備，加一加大概要八十八萬，他說他會跟董事長報告，公司會付錢買這部車，我當時還是第一次聽到竟然有公司可以讓業務員挑選自己喜歡開的車子！覺得相當訝異。

聽張大哥說，他們公司董事長大約六十幾歲，對員工非常好，很照顧業務員，之前他們業務員開過很多品牌的廂型車，大部分跑起來都很沒力、又耗油，所以他這次想換開休旅車。

談好所有配備細節之後，張大哥說，到時候會請我過去跟董事長見面，再當面跟董事長敲定這筆訂單。他還特別透漏給我跟董事長談事情要注意的重點，他說他們董事長在決定價錢時都習慣殺價到整數，**不管董事長砍價砍多少**，我答應就是了，因為他很喜歡這台車，也希望可以買這一台，如果要聽老闆的意見，老闆可能會去買別款車。

我心想，董事長開價多少我都答應，那豈不是虧大了？張大哥補充說：「因為他是很典型的生意人，所以一定會殺價，沒關係，你就答應他，差額的部分我來補，多出來的配備，我也自己付。」

聽他講出這些話，我知道張大哥真的很挺我們，當下非常感謝他這麼支持我，但是價差也要有個底線吧？總不能要他自掏腰包貼太多。

他說，他們公司之前買業務車的預算從五、六十萬到七十多萬都有，當時我們那台車約八十幾萬，再加上一些頂級配備，將近八十八萬，假設我這邊可以給的優惠是三萬元，就變成是八十五萬左右，他說董事長應該會殺到整數八十萬，所以他自己可以補貼五萬元。

他跟我說五萬以內都可以吸收，就是一定要買這一台！因為保養、稅金還有油錢都是公司出錢，只要再補貼三、五萬就有自己喜歡的車可以開，他覺得很划算。

接著他跟我分析董事長的個性、做法和習慣，以及他大概會怎樣回答我，在我去跟董事長談之前，已經摸清了很多底。他這麼支持我、告知我這麼多「敵情」，我怎樣都要努力幫他談下來，才不會辜負他。

隔天我依約過去，董事長果真是大老闆的架式，完全不跟你囉唆，他年輕時是蠻不錯的大學畢業的，那年頭能念大學的人很少，何況是某名校的前身，可見頭腦一定很好、做生意很精明。一見面開口聊，就發覺他跟大部分的有錢人一樣，很怕麻煩，買東西和談價錢都非常乾脆。

當年我們那款是市場上第一台柴油車，很多人對現代汽車的品牌情結，加上價格較高、又是第一台柴油車，大家都會有存疑、都在觀望，雖然業務員已經先跟董事長表達買車的意願了，但是我估算能成交的機率大約是六、七成。

幸好在介紹過程中得知董事長並沒有品牌迷思，因為他知道業務員比他懂車，業務說不錯，應該就是不錯了。不過他做生意就是拚價格，他們之前買廂型車七十萬就有了，從沒買到八、九十萬的，在當時來講，有很多廂型車可以選，為什麼非要買這麼貴的休旅車？

董事長廢話不多說，直接就砍價，果真就像張大哥所講的，董事長殺到八十萬整數，雖然張大哥有先跟我說，落差五萬以內他吸收，但是我們不能剛好差五萬，直接讓人家出那麼多錢呀，所以我還是盡力爭幫忙取，我說：「董事長，您這個差太多了……」在討價還價中，我提到：「據我了解，貴公司光是業務用車就有十多台，每一台一年最少跑七萬公里，而且你們的車子都是很耗油的那種，有一台還是我們業界有名的『油虎』，光油錢一年就吃掉不少！」

「我們這台柴油車，有很多好處，一來是所有的柴油車都有渦輪增壓，跑起來很快很省力，二來是非常省油，我算給您聽，目前汽油和柴油的油價是多少、以及我們的平均油耗，乘以每年、每一台業務車的行駛公里數，董事長，你們每台車一年最少可以省十萬元，十台車一年就省一百萬！這個差距是真得有點大，然後每一台稅金還可以省將近二千五，保養費就更不用講了，你們的車都是老車了，光是修理費就不少，而且柴油車只要一萬公里做一次保養就好了，所以保養費也省很多，一個月之後您去問會計，看看我們這台車跟你們原來的車，一個月的油錢差多少？」

我繼續說：「這樣吧，一個月後如果油耗差距不是我講的這樣，**這些錢統統由我來補！**這台您相信我，就算被騙也只被騙這一次。」

聽到一年可以省下這麼多錢、加上我的保證，董事長已經很確定有意願要買了，這時候再重談價錢，他也很乾脆，直接把五萬元減半，只砍兩萬五，跟張大哥原本預計要貼出去的錢只有一半而已！

不到幾個月的時間，有一天董事長突然親自打電話給我，一開口就說：「林先生，來辦公室聊一下。」他第一次打來我還不曉是要聊什麼？當時因為正忙沒有立即過去，第二次之後我就知道了，董事長不囉嗦，找你去就是談訂車，以後他打給我不管多忙，一定要馬上出現在他面前，因為他也不喜歡等。

去了一見面他就說，你們的車不錯喔，業務反應很好開啊……之類的，重點是油單報回來，每個月都像我講的那麼省，而且是很明顯的差距，而張大哥換了休旅車之後，業務私下聊天時，他都會說這台車有多好開、跑多快，對我這個人也極力推薦。

後來據側面了解，有幾個業務試開後很羨慕也都想換這台，畢竟休旅車漂亮多了，開出去也有場面，不像是個送貨的，大家一起開出去的時候，同樣是業務，你在開廂型車，別人開休旅車，那感覺差很多，所以漁翁我就獲利。

後來他們全省業務會議時，有人就跟董事長提議：有些業務的車已經很舊了，應該要換掉，這樣比較不會增加修理費，極力說服董事長買新車，因為已經有張大哥的前例，八十多萬的買車預算可以通過，因此有業務也想跟進。

但董事長是精明的生意人，很會算，不可能再花八十幾萬買車給業務（我猜想張大哥是很資深的業務員，跟董事長交情不一樣），於是一開口就問買第二輛車有沒有更便宜？

我心想，最大的問題就在董事長不知道當初第一台的實際成交價，第一台車業務有貼錢，第二台就沒有了，我也不可能賣原價給董事長，如果第二台不但沒便宜還比較貴，那他就不會買了！

幸好他們業務聊天時，張大哥都有跟其他業務講過，自己貼多少錢去買的，因此其他業務也都心知肚明，所以第二台業務並沒有要求那些加裝的配備，都是基本配備，加上張大哥那台是頂規旗艦車種，第二台也沒有要求要旗艦車，所以車價也便宜很多，而董事長是看總價的，他根本不管配備有多少，所以第二台扣掉張大哥貼的錢還比第一台便宜了快二萬，也因此順利成交了。

賣完第二台沒隔多久，董事長又打來叫我過去一趟。其實從第二台、第三台、第四台、第五台，一直到第八台，我每次去從沒空手而回過，過去一定就是訂車，從不需要跑第二趟，因為他要講什麼我都懂了，和董事長聊天大概都聊十分鐘而已，他太忙沒時間管那麼多，所以十分鐘內問一問細節就下訂。

從第二台之後，買車之前我都沒有接觸到業務員，直接跟董事長談，我是覺得董事長應該是很欣賞我的，因為那些業務認識那麼多人，一定也有很多其他車廠的業務跟他們接觸過，而且每個業務都有自己的喜好，不見得都會挑我們的車，後面賣掉的那六、七台，一定也要董事長在開會的時候很挺我、認同我阿貴這個人，才有可能都跟我買。

過去談第三台的時候，董事長直接就問有沒有車況很好的中古的？他果真是很精明、很會算，那麼多業務想換車，不可能每個人都買新車吧？

剛好我們當時的店經理也有買這台，也打算要賣，所以就以五十幾萬的價格賣給他。中古車是無法比價的，因為每台車況和車商的利潤都不同，但我相信我賣的價格一定是最低的、車況最好的，因為中古車行要賺一手，我不用，而且我都很知道車子的來源和狀況，不好的車我不會賣給客戶，所以第三台也很快就成交了！

隔不到一個禮拜，董事長又問還有中古車嗎？上次那台開的很不錯，業務很喜歡，剛好嘉義又有同事託我賣車，我立刻幫董事長連繫。其實我們很多同事的中古車都是我幫忙賣掉的，**連前後二任總經理的車也都委託我賣**，可能因為我的客源比較多，可以很快找到買主、又能賣到一個不錯的價錢，比中古車行估的還要好，又不用賺價差，買賣雙方都很滿意。而第三台經理的車因為有加裝DVD，而嘉義同事沒加裝，因此又更便宜賣給董事長。

隔年董事長又叫我過去，跟我訂了二台新車。當時董事長身體已經有點不太好了，常常要跑醫院，所以請了看護兼助理幫他開車、帶他上醫院、幫他量血壓、注意他身體狀況……等，一些護理的基礎都要會，等於是要二十四小時陪伴在身旁，其中有一個助理感覺比較有野心，在董事長決定事情的時候，他會想要插手、介入一些決策。

我才剛談完二台新車的訂單，正要拿董事長的票去另外一個工業區找他女兒，貼票拿現金（訂金）回公司，在從他們公司離開的半路上，董事長突然打給我，很簡短的用台語問了一句：「林先生，用租的是不是比較划算？」

我聽到很驚訝，不曉得發生了什麼事，不是都下訂了嗎？怎麼還問這個？

後來才知道，原來半路殺出個程咬金，就是那個助理不斷跟董事長說公司車用租賃的就好了，可以省稅金，幹嘛要買？而且他有認識在辦理租賃的朋友，可以找來談，所以董事長才會打給我，說那二台想改用租的、不要買了。

我一聽，不對！我也非常熟悉租賃業務，要租賃也不要找其他人談，何況租賃根本沒有比買新車划算、稅金也沒有更省！如果我沒有接手，而任由那個助理找他朋友處理，這樣後面的事情可能就會無法掌握，於是我立馬調頭回去，一刻也不敢耽擱。

28 同一家公司賣出11輛車，從老董事長賣到接班少東2

金句

被罵還有機會，不被罵就根本沒機會，客戶以後再也不會找你了。

結果才短短不到一個小時的時間而已，助理已經去找了他朋友X盛公司的經理來談租賃的事情。董事長因為指定要租我們的車，因此那個經理直接找了我們其他營業所相熟的業務員報價，我趕回去的時候，發覺那個助理還不是只有找X盛而已，他還找了另外兩家一起來報價。

租賃公司是這樣的，他們可以配合很多廠牌的汽車，比如說和運租車來問我客戶想租我們哪一款車，我馬上就可以跟他報價，X盛就像這樣是專門在辦理租賃的。

我跟那個X盛經理說董事長已經跟我這邊下訂了，要承做租賃也是我會來處理，但他不太想理我，他說他已經找了我們另一個業務報好價了，也跟董事長把細節都談得差不多了，言下之意就是他不會讓我，但是他自己也沒多大勝算，因為還有兩家在場，他知道情況不太妙。

我跟董事長說：「租賃我也很熟，但是租賃絕對不會比購買划算。」我一一分析租賃的優缺點、以及對他們公司比較有利的部分給他們聽。

我說，純租的合約大約都簽三年，簽太短或太長都不划算，因為有折舊攤提和保修費用的問題。租賃比較大的好處就是省麻煩，維修保養和出險那些都由租賃公司處理，你們不必操心，這是因為租賃公司已經把稅金、保養費、保險費都算進每個月的租金裡了，而且還要算利息。

例如保養費，假設他們先將一年五萬公里的保修費算在租金裡，但如果你只跑四萬公里呢？如果你車子保持得很好，每次都只是做基本保養呢？那是你家的事！反正他都已經算在裡面了。

再來說保險，租期三年內，你至少要保乙式險，然後保費假設是六萬，這三年的保費每年都是六萬，所以等於保費要十八萬。但如果你是購車，第一年保費六萬，但沒有出險，第二年保費就降到四萬多，如果前二年都沒出險，搞不好第三年你還不用保乙式，只要保丙式就好了，保費降到二萬多。跟租賃保，三年有沒有出險都要十八萬，自己買車自己保，可能三年只要十二萬。

接著是公里數，一般租賃公司是設定一年三萬公里，三年就是九萬公里，如果以貴公司業務一年大概都跑上七萬公里左右，三年就跑了二十萬公里，怎麼辦？你們要補錢給租賃公司，一公里假設認列二元好了，一年就要多補八萬元，三年要補二十四萬。假設一個月租金二萬元（以大約八、九十萬的國產車來說），三年租金就要七十二萬，再加上超出的公里數補繳，三年要繳九十六萬，比買一台新車還要貴！

但是你買我們這台新車八十幾萬，三年後你就算賣掉，我們的殘餘價值還是很高的，可以賣比較好的價格，更何況你們業務用車常常一開就十年，如果是三年後要還給租賃公司，等於是浪費了三年的租金，與其三年後還給他們，不如買下來自己賣，根本就不用額外增加這些租賃費用，除非你們沒有人力去管保養、保險那些事情，想省麻煩，不然租賃應該不是首要考量。

我跟董事長說：「我絕對不是為了要賣新車才這樣建議，純粹是站在你們的立場來分析優缺點，因為不管是租還是買，我都要出二台新車、我都有業績，對我沒影響，我相信這些成本計算，去問會計師的答案也是一樣。」

其實關於租賃或租購的問題，講起來還蠻專業複雜的（例如一次承租數量夠多，就比較划算），細節很多，這裡無法一一詳述，而且租賃的需求和條件不同，得到的答案就不會一樣，我在當下就是盡量提供我這方面的專業，還好董事長不是交給助理處理就不管了，他從頭聽到尾，沒有離開辦公室半步，聽完他只跟助理講了一句話：「就交給林先生去處理。」

這句話宛如**聖旨**！因為是「租賃找業務」，還是「業務找租賃」，**那個地位是完全不一樣的**！租賃公司找業務談，利潤是租賃公司說了算，而我去找租賃公司談，利潤是我說了算，是我對他出車，不是他對我出車，該怎樣報價、該怎樣的條件，都是我在處理，所以整個局勢馬上翻轉過來，變成那個經理得要跟我合作，當場那個經理的眼神和態度馬上一百八十度轉變，他很怕我去找別家，不跟他合作了。

後來這二台車還是以租賃的方式成交，沒辦法，因為當時有程咬金介入，我分析那麼多也沒用，那個助理一直勸董事長用租的，董事長想說不然租租看，所以後來我也只能順水推舟完成這個訂單，不然會一直卡在那裡。

事實上我跟這家公司前後兩位董事長的合作，從第一台到第十一台也只有這二台是用租的，接下來都是用買的，因為就像我分析的，實在是太不划算了，還是買新車比較划得來，之後董事長看到會計給他的報表，發覺真的是貴很多，加保、加公里數那些都增加很多成本，所以董事長隔半年又打來叫我去談車的時候，一開口就說：「這次不要再用租的了。」

後來老董事長慢慢交棒給他兒子，過程有點複雜冗長，我跟小老闆沒有交情，因為他是後來才從國外留學回來，我們一開始沒有互動，只是認識而已，我都是直接跟他父親接觸。

但是我很欣賞他完全沒有一些企業家第二代揮霍奢華的習性，也沒有非開名車不可！他把董事長買的BMW 520留給家人開，自己則是開我們的i30，開過i30之後，他開始對我們的車改觀，留下很好的印象。

有一次，他開的那台i30冷氣壞掉，進來我們維修廠整理了三次我都不知道，我雖然跟每個客戶都說，有問題請直接找我、我來處理，但他是直接聯絡我們廠長，我不知道這個過程，等我知道的時候，我就直接請廠長把他的冷氣換掉、不要再修了，並且專程去跟他道歉，這件事情也讓他對我印象深刻。

我的服務認知是這樣的，既然還是新車而且已經檢查、確認過有問題了，不用等到回修三次，一開始確認有問題就應該要立刻換掉！

通常修了三、四次都修不好，客戶早就抓狂了，夏天沒冷氣還能開嗎？！況且這台是新車，到他手上才開一年多，冷氣就時好時壞，這根本不用整理三次就能判斷了，但是我不會去責罵廠長或後勤人員，因為我要靠他們幫我做服務，所以不能責罵他們。我會跟維修廠溝通，問他們為什麼不跟我說？並且要求他們，只要是我的客戶拜託他們處理這類問題，就一定要跟我說，不然我會抓狂。

後來凡納比颱風造成台南大淹水，他們業務的車淹水後回來修理，我竟然不知道，我問維修廠為什麼沒告知，不是溝通過了嗎？維修廠說因為客戶自己說這樣就可以了，不需要麻煩我，只是沒想到業務車修過後不到三個月又壞掉，又再回來整理一次。

我再次跟維修廠溝通，不管客戶怎麼說，只要回來處理後又有問題，就一定要跟我說，因為我不知道來龍去脈會被客戶罵，**被罵還有機會**，不被罵就根本沒機會，客戶以後再也不會找我了！

後來有一台業務車因為淹水要更換冷氣壓縮機，那台新車就是租賃的其中一台，因為是新車，加上是租賃的，照裡說租賃公司要負責修理，本來租賃公司也跟他們說可以修，之後又說淹到水了不能修，要他們自己去找維修廠換新的壓縮機，業務找到別家維修廠去換，廠商要跟他收錢，他們的會計就打電話來問我為什麼會這樣？

他們公司的會計小姐跟我還不錯，算是我的「內應」，有時候會偷偷跟我報小道消息。我會跟這個會計搭上線是因為我所有的文件都要透過她處理，當年他們有三家公司，每次買車看要掛在哪一家名下，所以要常跑會計那邊，影印營登、報表之類的，還有公司要報稅、保險、車子要過戶啊什麼的，我都是親自拿文件去交給她。

有時候在他們那邊逗留比較久一點，就跟那個會計聊聊天，多半是茶餘飯後的閒聊，那個會計常說：「阿貴，你真的不簡單啊，包括老董事長、他女兒（另外一家公司的負責人）、他兒子呀，你都可以安撫的服服貼貼，真是辛苦你了……」之類的，大家都會站在同一陣線，因為都是替人家工作的，比較有同理心。

我也沒有特別跟會計經營什麼關係，就是有需要的時候，像是保養或車子的問題，**我都隨傳隨到**，然後節慶送一些紀念品，例如比較精美的小桌曆，月曆，甚至是我們做的紀念筆、隨行杯，只要是我們公司有紀念性的東西，我都會載一堆過去給他們。其實那些都還好，主要是她認為我是夠專業的，所以她很信賴我、放心把事情交給我處理，甚至她自己車子的事情也都會來問我。

所以當那個會計打給我的時候，我說要去了解一下情況再回報，就趕緊出發趕去，我還沒到維修廠，會計就打來說他們業務已經回公司了，我就直接繞到他們公司，當面再跟小老闆重新道歉一次。

我跟他說：「以後你們公司所有的車，我都是統一窗口，麻煩以後不管大大小小的事情都找我，我會處理到好。」後來我幫業務安排修車，一次把他們的問題都解決掉，這些事情也開始讓小老闆改變對我的看法，後來甚至比老董事長還信任我。

之前老董事長身體越來越不好、開始安排交班時，我擔心小老闆接手會不會繼續找我？因為之前老董事長買車的週期性都很短、也很乾脆，現在換人當家，不曉得對我的信任度和各方面會不會有落差？現在看起來是不用擔心了。

我記得小老闆第一次找我買的是貨車，也是他們家業務大力推薦我的關係，於是小老闆找我去談。其實我們家的貨車不太夠他們使用，講真的，不夠大，我們的是三・二五噸，但他們的載重量都很高，坦白講不太夠裝貨，**然而不太夠用還可以賣給小老闆三台，我自己都覺得很神奇。**

我覺得最主要一點應該是業務大哥們都會推薦我，加上價格也低，我們的貨車當年是六十幾萬，其他家的貨車要九十幾、一百萬左右。我們的是三・二五噸，其他家的是三・四九噸，我跟小老闆說，雖然其他品牌比我們多了二百四十公斤，但是坦白講，我們的載重量反而比他們多，因為我們的三・二五噸扣掉空車重一・七噸左右，實際載重量是一千五百五十公斤，而別的品牌雖然有三・四九噸，可是他們的空車重量就有二噸了，因此他們的載重量不到一千五百公斤，比我們少了五、六十公斤，雖然不多，但至少數據上我們是贏對方的。

其實這是有點死鴨子嘴硬，我們的當然不是都比對方好，不然他們怎麼可能賣那麼貴？我們貨車雖然載重量比較大，但是對方的輪胎尺寸比較大，加上他們的鋼板厚度也比我們厚多了，所以才會比較重，而我們的車廂長度也比他們的短，因此對方的載貨面積也比我們大，但是這些不需要一一比較，光是便宜和載重量就夠了。

後來賣給他們第一台貨車之後，業務反應載重量和車廂不太夠用，於是我去請教專門在改裝貨車的公司，確定這個部分可以改裝，而且還是原廠套件。我先說服司機，希望他們跟小老闆開會時幫我說服他，讓公司同意改裝。

我們的車原本可以載一千五百多公斤淨重，改裝之後可以載到二千五百公斤，而且這個載重量是專業改裝廠說的，小老闆只是基於信任我，但並不能確定百分之百夠用，司機說服了很久都沒下文，就在說服他改裝期間，他們公司還是決定要再買第二台貨車，於是我跟小老闆說：「這樣好了，如果你擔心花錢改裝也不一定有效果，**那我自己投資七千元幫你第二台貨車改裝**，如果真的有用，你一個多月前買的第一台貨車再自己花錢改，你覺得如何？」

結果改裝後確實有用，所以沒二、三天他就說第一台車也要幫他安排時間改裝，然後沒隔幾個月又再跟我買第三台貨車。就這樣前後幾年的時間，我總共賣給這家公司十一台車，從老董事長賣到小老闆，關係和信任一直延續下來。

有一年，其中一個業務開的車子出了事情，不曉得去惹到什麼人，還搞到變成刑事案件，因為車子登記的都是公司名字，所以警察就找上門，搞得很麻煩，花了很多精神和金錢處理。

小老闆當年在國外是學企業管理的，頭腦很好，這一次的事情讓他嚇到了，他評估如果以後隨便一個業務開車出去惹了事情，結果公司就被鬧得不得安寧，這樣不是辦法，於是他決定把登記在三間公司名下的二十多台車，包括他自己、他姊姊開的ＢＭＷ，請我全部去估中古車價，估出來行情價多少，公司願意大方吸收三分之二的錢，以三分之一價錢賣給業務。

例如一台車估出殘餘價值三十萬，公司認賠二十萬，你業務自己出十萬，這台車就過戶給你了，這樣以後都是擔當人開自己的車，如果出什麼事情，外面的人不會找到公司來，一切都由自己負責。

那次估車場面真的很驚人，小老闆把所有車從全省各地召回來，總共二十幾台！基本上，一般業務一次去估一、二台就很厲害了，我還沒見過那麼大的陣仗，為了估這二十幾台車我要做很多功課，因為各種品牌都有，然後我要知道每個人使用的狀況，還要一一拍照，要看車況好不好、哪個年份的、公里數多少、什麼顏色的，以及該車種的市場行情，那真是一個大工程！我記得那次光是估車就估了二天。

我去估車時，有些業務就來我旁邊偷偷說：「林先生，拜託你，我上有老母、下有子女要養，拜託不要估太高，我真的買不起……」

平常我跟那些業務、廠長都互動很多，跟老闆互動比較少，大部分都是業務或廠長跟我聯絡，比如說在路上遇到什麼事故，還是更換保養零件的問題……等，我都會馬上去處理，因此跟他們都算熟，聽他們這樣拜託，我說：「我知道我知道，你放心，但是我也不能太誇張，畢竟小老闆那麼信任我，我一定會量力而為。」

能幫忙當然盡量幫，假如估出行情要四十萬，我就講三十八萬、三十五萬，就是低一點點，但也不能差太多，會對小老闆說不過去。也就是那時候，我放了很多情份在那邊，後來那些業務大哥私底下介紹給我很多客戶，輾轉介紹賣掉的車子到底有多少台已經很難算，因為太多了！

29 讓自己成為別人心目中的前三名！

金句

身為業務最怕的，就是客戶忘了他！

做業務做到一段時間之後，我慢慢發現一件事——常常我的客戶來找我都不是為了跟車子相關的事情，而是一些生活上的瑣事。

我明明不是賣房子的，卻有人來問我房子買在哪邊比較好？有沒有認識比較可靠的裝潢師傅？我明明也不是做人力銀行的，卻會來問我她兒子要退伍了，哪裡有好的工作可以介紹一下？進去XX公司好不好、會不會有前途？我更不是開婚姻介紹所的，但很多男生要追哪個女生也會來問我的意見；跟女朋友吵架了，也會來跟我訴苦、要我幫他評評理，看到底是誰對誰錯？

其他還有很多，像是生病了，會問我有沒有認識好的腸胃科以及小兒科醫師？投資股票被套牢了，會想要知道我的**「專業看法」**如何？想跳槽，但不知道新公司有沒有比舊公司好，也來請我幫忙分析。

以前，我常常會感到困擾，每次都很納悶為什麼有人會一直問一些我可能根本就不清楚、或者是從沒接觸過的事情？我能給他們什麼答案呢？我搞不好也很需要人家教啊！

後來有一次，我無意間看到一篇文章上面寫到：「要想辦法讓自己成為別人心目中的前三名！」文章的意思是，如果別人會跑來問跟你工作領域不相干的問題，就代表你在他們的心目中是排在「前三名」的位置，所以他們一有什麼困難或問題，第一個想到的人就是你！（來借錢的除外）

這代表什麼意思？代表你在別人心目中的重要性是很高的！代表他們非常信賴你、倚靠你、仰賴你，所以即使你不是那個問題領域的專家，他們也還是希望能聽聽你的意見，**這是多麼大的肯定！**

當下我才明白，原來我不需要因此而感到困擾，反而更應該要覺得很榮幸！如果我的表現和言行，能帶給別人這麼大的信任感、常常是當別人遇到問題時會想起的前三名，那麼當別人要買車或是推薦客戶時，還會不想到我嗎？

如果，當我的客戶遇到困難時第一個想到的不是我，那就表示很可能我的服務出了大問題，以至於客戶對我越來越生疏，生疏到都已經忘了我的存在，講難聽一點，**就是他連找你抱怨都不願意**，巴不得再也不要跟你往來和聯繫。

因此後來再遇到有客戶跑來問我一些「有的沒的」的事情時，我就想起文章裡面的那句話：原來我是他心目中的前三名！這樣一想，心裡也跟著感謝起來，面對他的事情也能由衷的體會，會有更多的同理心去盡可能幫他解決問題。

身為業務最怕的，就是客戶忘了他！那代表他的服務可能糟糕到不行，所以即使有事情需要幫忙，客戶也不願意跟你開口。

有一種業務，客戶才剛開口，他可能就因為怕麻煩、或是想說不關他的事，於是有意無意中就表現出一副「不要來問我、不關我的事、這個我也不懂，我幫不了你」的樣子和態度，不假思索就拒人於千里之外，實在不可取。

當你在推卸責任的時候，**就是慢慢把客戶越推越遠的開始！**久了，你的客戶也不會想找你了，車子有問題不找你、續保到期也不找你，當然有人要買車更不會推薦你！試問，這是想賺錢、想成功的人會有的態度嗎？

不只是從事業務工作，我認為任何一種職業的人、任何一個位置的人都一樣，假如把你排在他心目中前三名的人不多，這就是你該有危機意識的時候了，你應該開始反省自己的人際關係和職業生涯出了什麼問題？

我會勸你最好讓自己休個二～三天的假，靜下心來到風景漂亮、人煙稀少的地方去走一走，一方面讓自己的心沈澱下來、一方面徹底思考你自己在別人心目中還有價值嗎？對別人來說你是重要的人嗎？你的人緣好嗎？如果答案都是否定的，那你應該認真想想自己的問題是出在哪裡？然後開始改變。

很多成功的人都會告訴你，人脈通錢脈。如果你能建立好每一個關係、把他們認為重要的事當成是自己的事情來處理、努力用心滿足他們的期待和需求，那你會得到更大的回報！當然這是發自內心的，而不是為了後面的回報勉強去做。

這個回報不一定是業績上的、金錢上的，而是更重要的信賴和口碑，這時候你還會苦惱沒人推薦你、沒有客源嗎？

30 觀察力決定成交率1：為什麼客戶不跟你買？

金句

不要問客戶會不會買？「會不會買」絕對是業務自己的問題！

每個當業務的人都想知道：「客戶到底會不會買？為什麼不跟我買？為什麼跟別人買？」

但是我很努力要求自己不要去判斷客戶會不會買、不對他們秤斤論兩，我用自己研究出來的一套SOP去分析客戶**能不能買**、怎麼買？這才是重點，**「會不會買」絕對是我們業務自己的問題，不是客戶的問題。**

「會不會買」和「能不能買」這兩者之間的差別很大，因為如果你去判斷客戶會不會買，在介紹的時候就會先入為主，認為他可能沒有那麼快買、或者他不會買、或者他沒有能力買……這些都會影響到整個接洽的態度跟流程！

例如說，客戶今天穿個吊嘎、拖鞋走進來，你看他的穿著覺得他可能買不起，於是就愛理不理的、根本不會用心去接待他，但其實在我們鄉下很多土財主都是這樣穿的，不代表他的經濟能力不好。

再來，聊天當中無意間得知客戶信用不好，結果自己開始打分數、瞧不起他，覺得他可能沒辦法買、銀行那裡過不了關；要不然就是一聽到客戶工作屬性不好、或是看他年輕，覺得現金可能不足，就判斷對方沒有能力買，但是其實我們鄉下跟都會區不一樣，都會區可能買車用現金的比較多、頭款也多，但是鄉下地方大部分是要貸款，不是我們這邊沒有有錢人，這只是城鄉差距的習慣不同而已。

大概十個業務當中有九個會這樣幫客戶打分數！雖然我一直強調不要從表面的條件去判斷客戶，但是坦白說這一點很難做到，因為會對客戶秤斤論兩是業務的天性，像我姊夫的大哥要買一台一百多萬雙B的車，他兒子去看車，也主動遞了名片，但是業務卻連一通電話都沒有打給他，可能瞧不起他，或是覺得他太年輕根本不是真的要買，只是來看好玩的，於是他兒子乾脆就跑去高雄買了三百多萬的車。

這就是業務的通病！因為不想多浪費時間在沒有回報的事情上，所以往往容易誤判、錯失機會。所以我要求自己絕對不要去判斷客戶會不會買，我會當做每個客戶都有打算要買車，然後觀察並分析客戶現在能不能買？怎麼買？想買什麼？需要什麼？不需要什麼？

想要成交、拿到訂單，只有透過觀察來了解客戶，並且針對他們的需求來下手，像我自己有一套SOP，會根據客戶的需求來量身訂做，所以我跟其他業務有些不同，不是客戶來看什麼車就猛推銷，而是觀察並了解他適合什麼，再根據他的需求量身打造，比較反向操作，

幾年前，我的客戶介紹一位剛從新加坡回來的同事來看車，其實不是這個新加坡同事要買車，而是他的親戚要買，當時他和親戚兩個人就一起來看車，我們大概聊了一下才知道，原來這個親戚已經在我們很多家分店去看過車了，而且已經看了半年多，但是一直都沒有決定。

他說從一開始去幾家分店看車，業務都是介紹比較頂級的旗艦車款，看久了他也有點心動想買，只是考量到價錢的問題，而遲遲無法決定，最主要是那個親戚家

裡還有別台車可開，因此沒有急迫性，**可買可不買**，所以到處去看、做功課做了半年多，都沒有買。

我根據自己的ＳＯＰ步驟，先了解他的需求：「你想要買多少價錢範圍內的車，如果超出的話可能現在就不想買了？」當下了解到他的預算跟旗艦款其實只差六、七萬，而且他太太快要生產了，所以目前沒有工作，家裡變成只有他一個人負擔經濟，過去半年來他一直卡在跟其他業務之間的價差上，本來想說再多存一筆錢再來買，當天也只是先來聽聽看我的建議，沒打算現在就買。

在了解他的狀況之後，我決定跟他推薦入門款的車，我跟他分析旗艦款和入門款的差別在哪裡？其實主要是差在配備的部分，例如：天窗、電動座椅、定速、免用鑰匙啟動（smart key）、車身穩定系統這些。

我說：「車身穩定系統是一種安性的配備，如果有當然最好，但沒有也不代表不安全，除非你要常常飆車，那可能會有影響。另外，防滑系統也是一樣，雨天可能比較用得到，但如果你開車都很高速、又橫衝直撞的，也不代表有了防滑系統就可以亂開都不會有問題，不能只依賴那個系統來保障你的安全。再來，音響速撥這種東西，它可有可無；天窗，台灣多雨、落塵又大，你可能一年開不到兩次；電動座椅，如果都是你自己在開這台車的話，可能也不會去調整它，有點用不上；如果你不常跑高速公路，那定速也是多餘的……」

我一項一項跟他分析，其實他自己也不曉得那些東西是他根本用不到的，而扣除掉這些不需要的配備、再加上我能給他的優惠，其實在他的預算內就可以買到新車了！

我說：「的確，旗艦款有一堆很炫的配備，但是對你來說用處不大，你用不到就是浪費，入門款的其實比較貼近你的使用習慣和需求，再加上考慮到目前拿得出來的頭款、貸款、以及每個月的繳款金額，這些都遠比又炫又貴的配備還重要，因為它會影響到你的財務運用和生活開支。」

最後我跟他說：「依照你的理財方式應該買入門款的就好了，其實就很夠用而且負擔更輕！」

接下來包括險細節、頭期款、貸款方式，我都依照他的需求一項一項慢慢介紹，他再從中選擇符合他需要的就好。就像去吃套餐一樣，前菜、主餐、甜點、湯、沙拉……他要哪些、不要哪些，我們一樣樣討論，他不需要的，我就分析給他聽，包括保險，**也不是越貴的保障就越好**，主要是要適用於他的需求。

因為他是一般薪水階級，在南部薪水不會很高，我也從談話中了解到頭期款是一個重點，於是幫他規劃低頭款、低月付的方式，頭款五萬塊、貸款五年六十期低利率，每個月只要繳一萬零幾百元，他覺得非常輕鬆，而且後面的月付金額會越來越少，等到他有儲蓄到一筆錢，例如：十萬、二十萬，再一次把它clean掉，還可以省利息，這樣他就不用等半年、一年後存夠錢才買了。

就這樣一直介紹到他覺得：「對，這個就是我想要的！根本不用一定要買到多貴的，符合自己的需求就好了。」

談完之後他說我跟別人介紹的都不一樣，從來沒有一個業務跟他講過這些事情！**從頭到尾，他都以為自己想買的是旗艦款**，結果半年多來他一直都在看旗艦款，而業務員都在那幾萬塊錢上下的差距在跟他談、總是沒有交集，他從沒有聽過另外一種聲音：「其實你根本不需要買旗艦款、不需要花錢買一堆用不到的配備。」

就這樣講一講，當場順利收了訂金，在寫完訂單的時候，剛從新加坡回來的同事，本來只是陪他一起來看車而已，因為他家裡已經有一台車了，跟他父親輪流開，加上也不常在台灣，因此沒有買車的需求，他從頭到尾都沒說話、也沒開口問任何問題，只是在旁邊聽一聽，覺得我介紹的好像很不錯，居然突然開口說：「才六十幾萬而已，那我也買一台好了！」他說感覺很划算，**不買好像很可惜的樣子**，而且完全不用再重新介紹一次了，就這樣，寫好第一張訂單後，接著馬上寫第二張訂單。

隔沒幾天，我們別區的一個業務打來興師問罪：「那個客戶我保持追蹤了半年多，我平均多久就去找他一趟，他跟我說他一定要買頂級旗艦款的，也都談到要怎麼辦貸款了，怎麼後來跑去跟你買了入門款的？……」

我說抱歉我不知道，我知道他之前有到處看車，但不知道已經進行到這個程度。但是坦白說為什麼要搞那麼久？到底業務員有沒有傾聽到客戶需求？有沒有為客戶量身規劃？而不是急著把車子賣出去而已！

我覺得業務不能只想賣比較貴的車子出去，你得確定這是真正適合他們的，就像他先前一直被推銷頂級的，但是都沒跟他探討，到底他是需要頂級的還是入門的？我跟他討論他的用車情況和繳款狀況後，認為其實他需要入門的車種就好，他聽了也認為很有道理，所以可以很快速的成交，而且聽到連一起來的人也覺得不錯。

根據經驗，其實參考六、七十萬價位的客戶，**他們心目中想要的和他能力所及的**，可能就是落差在那幾萬塊而已，如果這個客戶已經跟你耗了半年多，你都談不下來，還一直在針對頂級款來說服他多拿出幾萬塊的話，代表你一定沒搞懂客戶的問題在哪、以及他們真正要的是什麼。

那個業務說這半年多一直保持聯絡、跟他怎麼談都沒結果，是因為很多人買車不是只要喜歡就買，是要有需求才會買！

例如沒車可開了，或是剛拿到駕照的人，一定會很想趕快買車來開，那種買車的需求比較強烈，但是當業務的如果沒有善於觀察和探索需求的能力，而一味針對頂級車款來跟他談，難怪他不會跟你買，因為一直降不到他心目中的價差，也沒有讓他覺得很急迫的因素，這就是為什麼客戶不跟你買的原因。

31 觀察力決定成交率2：客戶的四個等級

金句

成交是一時的，客戶才是長久的。

要成交，觀察力和解讀客戶需求的能力很重要，所以從客戶一進門開始，我的眼光就不會離開他們身上，從他們的表情、肢體動作、談話內容，我都會去用心觀察。

客戶有很多種，你要想辦法透過觀察去了解他們，我會先從他們喜不喜歡產品下手，因為不管他的購車能力如何，他不喜歡我們的產品就什麼都不用談了！這是先決條件。

你一定要先了解他喜歡現在哪一款車，從他喜歡的開始介紹，如果遇到有些客戶他是從1.1看到1.8，又看2.0、2.4甚至是2.2的柴油車，那這種客戶可能有二種情況：第一是，他還不知道他要買什麼車。另外一種可能他是同行做間諜的。因為現在同業之間有很多新進的業務，會叫他去別的品牌看車、觀察別人的銷售術，所以如果是第二種可能的話，我們問的問題會比較直接一點，試探一下他是不是真的客戶？

有很多同行間諜你多問幾句，他講話的內容就開始不合邏輯了，因為他們通常會演練一套話術，但是如果你問的問題跳脫他的劇本，他就會反應不過來，隨便舉個例子，你問他：「住哪裡啊？喔，住台中阿？那怎麼會來台南買？住台南立德路喔？立德幾路？那裡過去一點就有兩家營業所耶，有去看過了嗎？……」之類的，他可能對自己講出來的那個地方也不熟悉，就會露餡。

先排除掉這個可能後，才有辦法針對第一種情況的客戶來做介紹和探索需求。如果是遇到第一種還不知道要買什麼車的客戶，也看不出來對我們的車子有沒有很喜歡？他既不是指定車種、也不是比較車種，這時候你運用的話術又不一樣了。你要很主動，因為他沒有主見，通常是耳根子軟，有可能今天想要買車，就來到處看，但是不懂車，也不知道要買什麼車，心裡也沒有比較屬意的車子，這種客戶又可以分為二種狀況：**一種是被人家牽著鼻子走，另一種是永遠沒辦法做決定。**

之前我有一位客戶是個單親媽媽，她什麼小車都看，拿不定主意要買什麼，問她，她都回只要便宜就好，但我們的小車已經是市面上所有車子裡面價位最低的了，而且別人有的配備我們幾乎都有，天窗什麼的都有，不但划算，也超好開的，但她還是不決定，一直說要看便宜的，後來知道，不是我們的不夠便宜，是親友一致反對買我們的車，但她能力有限，只有我們的預算和條件最符合她的需求，不過怕買回去會被唸，所以即使已經被介紹到想買了，還是無法做決定，這個時候業務要有辦法破解她的猶豫、加速客戶做決定。（可以參考另一個故事）

前面說到，客戶的購買條件取決於他要先**喜歡產品**，接著要找出決定的人，最後才是**出錢的人**，加上有**購車需求**又有**購車慾望**，這五個條件要同時存在，才會成交！反之，有慾望而沒有需求，同樣無法成交。就算客戶很喜歡我們產品，也有預算要買，但是種種原因不想現在買，那就沒辦法成交。

例如有時候要買車的是年輕人，他也非常喜歡我們的產品，但是出錢的人和決定的人是爸媽，他們都沒有在現場，這種狀況有很多，通常這樣就沒有辦法現場結案，因為就算現場訂了，回家也是吵架收場，或是後來又來要求退訂，所以只要上面提到的這些條件和人沒有同時成立，那就要想辦法改變方式和策略。

如果業務員能在產品和客戶之間找到平衡點，把客戶的需求找出來，並且利用產品的特性來激發他的購買慾，就離成交不遠了。有些客戶買車比較著急、有些人不急、有些人則是可有可無，業務員要自己去分析這是什麼樣的客戶？

我根據自己多年的成交經驗，把客戶依照特性分成**四個等級**。這個客戶的等級不是在分別客戶的好壞，和客戶的財務能力也無關，純粹是依照客觀的買車需求和急迫性來歸類，讓其他業務在面對客戶猶豫不決而不知所措時，也能有一個大概依循的準則。

客戶的四個等級：

1. **A級客**：一個禮拜到一個月內會買車。
2. **B級客**：一個月以上、三個月以內會買車。
3. **C級客**：三個月以上、半年內會買車。
4. **D級客**：至少半年以後才會買。

A級客通常是「首購族」最多，因為首購族的購車慾望是最強烈的，尤其是男生剛退伍，十個裡面有九個一定會很想買車來開！另外一種是剛出社會的宅男，通常也是買車很快、不囉嗦。所以首購族最不會考慮太多、想東想西，首購族會拖到一個月以上的很少，因為購買慾望和需求很迫切，加上男生如果退伍後工作個一、兩年，已經有足夠的頭期款了，只要有喜歡的車款，下決定很快。

還有一種是剛拿到駕照的客戶，他們很想要有一台自己的車可以開的慾望是很強烈的，這種客戶決定也很快，所以如果客戶是A級的甚至是超A等級的就不要客氣，直接講到訂單和怎麼買車就對了。

再來，**B級客**、**C級客**就有很多考量，通常是「增購」或是「換購」。多半沒那麼急著買車，或是還在比較車種。

增購、換購會比較慢，是因為一定要等到客戶有需求出來，例如有的換購客戶一部車開了十幾年，這麼老的車還去修一堆東西，代表這個客戶不愛慕虛榮、很節儉，當然也有可能是經濟考量，如果他本身不注重車子是否夠好、夠新，有車開就好，像這樣的車主就很可能會拖很久，拖到不能再開了、完全不能修理了、一直壞，他才會去換，要賣車給這種客戶是很困難的，這是屬於C級客，還有可能降到

D級，拖上一、二年的都有。

另一種換購的客戶，是喜新厭舊型，明明車子還很好，卻一直挑剔、嫌它有聲音、嫌它不夠快、嫌它不夠載……什麼都拿來嫌，這都是給自己找一個換車的藉口，這樣的客戶就很快，想好了就換，是屬於B級。

客戶的等級是會隨時升級或降級的，這要從他的購買心態、購買用途，以及到底是首購、增購還是換購而定，有時候客戶會從A跳到D；C也會突然跳到A，因為人本來就是很情緒化的，買東西也是一種衝動，所以很難講，但通常換購是最慢的一種。

我有一個新竹客戶本來第一次來看車時就要買了，因為他的舊車開了將近十六年，引擎已經出狀況了，我介紹他很適合的新車，談半天本來都有喜歡了，但還是沒買，後來才知道他回去想想後又花了三萬元去整理引擎，本來是A級客的，引擎修理好，他就變成了D級客，沒想到一個多月後，引擎又壞掉了，他馬上又變回A級客。

增購又比換購強一點，但是也差不多。之前有個客戶透過介紹說想要買中古車

（只要來問中古車，我就有機會介紹新車），說指定要找我們某一款1.3的，預算約二十萬。

我跟他介紹我們現在有一部**領牌車**，是兩門的1.4，原價四十七萬九，可以賣他三十八萬九，便宜九萬，重點是很好開，那部車超經濟實惠的，市面上還沒看過這麼便宜的，跟中古的價差不大。

他來之前的半小時，車子剛從展示間拖走，沒有車子可以讓他看，但他聽到是兩門車，就說不喜歡，他比較喜歡四門的，我就換介紹別的車種，不過他還是想再看看中古的，就這樣兩邊考慮，後來因為他增購的用途沒那麼急（老婆工作換到較遠的，希望自己開車，之前是由他接送），因為沒看到符合預算的車，於是又繼續撐下去沒有買，看了三個多月的車子之後，因為每天接送太辛苦才決定要買。

再來是**D級客**，這類的客戶有時候來看車並不是因為現在就要買，有可能是要等車庫蓋好了才要買、也許是要有停車位之後才買、或是要等存夠頭期款才來買，或是等結婚之後才買，甚至還在到處比較車種，只是隨意來看看而已……有很多原因，到底是不是當下就有買車的需求，其實從聊天中就要多觀察注意。

有時候，不是他不想買、或是不想買你的車，只是他們還有買車之外的問題沒有處理好。有一個台北的客戶，已經看車一年多了，到現在還沒買，他是很有能力買的，但是想要先買下兩千萬的房子，再來買車，只是不管怎麼跟他聊，因為他一直找不到車位，所以還是無法買車，也沒辦法跟催太緊，因為他說的都是實話、不是藉口，不然就要先幫他在台北找一個月租三千元的停車位。

我之前還碰到一個大陸籍的客戶，她以前都是開三菱的車，剛好那天三菱的業務跟她說有一台新房車快要上市了、加上她之前在考慮的一台2.4的車現在也只剩下五十幾萬了，一直問她要不要考慮換車？

三菱的業務鼓吹她去看車鼓吹很久了，結果她果真隔天就出門去看車，最後一站經過我們這裡，她看到我們的車覺得很漂亮就進來看，本來她是已經決定好要買三菱了，結果她這一進來看一看、聊一聊，大概談了半個多小時她就決定跟我訂車！所以說起來我還得感謝三菱的業務。

客戶就是這樣，有時候你耕耘很久的，最後還是沒買；但是你隨緣碰上的，反而成為A級客戶！即使做了再久的業務，你也很難去預料和掌控。

但是你就算不能預測客戶的動向和想法，不過至少可以掌握一件事，那就是：短兵相接時，你一定不能說沒關係，你慢慢看、回去考慮好跟我說……你一定要比客戶更急、當機立斷，當下就要搞定，以免客戶回去後、或是離開展示中心之後就變卦了！就像那個大陸籍客戶如果當天沒下訂，很可能隔天就去訂三菱了。

這個客戶就是屬於衝動購買型的，當天看完當天就決定要買，表面上看起來是D級客，隨時翻盤變成A級客，這類客戶的變數大，其實也是最難預測和最容易後悔的。所以對於這類型的客戶下手一定要快，千萬不能假客氣說：「沒關係，你慢慢看！」

客戶會不會升級，要自己去觀察。我有一個客戶三月份來看車，他說九月份才要買，是D級客，結果他不到半個月就買了。因為他兒子在軍中服務，他說軍中會負擔油錢，他只要準備交通工具就好，所以一定會買，只是他兒子要等到六月份確定會調到哪個單位才買。

他當時是來看我們汽油的休旅車，這款已經上市五年多，快停售了，我跟他說：「依我的經驗，這款車五月份以後就會沒有了，而且剩餘數量我大概略知一、二，因為我們六月份有新車要上市，要改賣新改款的，如果你有喜歡這台車而不考慮新款的，那就要現在買，因為到時候可能會沒車，現在買也是最優惠的，因為不會再生產了。」

他說：「那農曆七月再來買好了，鬼月應該會更優惠。」這其實是很多消費者對優惠的迷思，通常年份車、農曆年前、鬼月會比較優惠是沒錯，但還是要看品牌和車種，這款停產車當下就已經是最優惠了，公司不可能等到七月才來賣，然後五、六月就放假？

我跟他說：「你現在買已經是最優惠了，而且顏色還有你們要的，到時候還剩什麼顏色很難講，連車子還會不會有我都不敢保證。再說，我們公司的價格不會有太大的落差，到時候可能只便宜不到千把塊，一台車要開上好幾年的，你們要為了優惠這幾千塊而勉強接受不喜歡的顏色嗎？」就這樣拜訪了兩個禮拜後，他想想很有道理，就決定提前買了，也從D級客變成A級客。

所以有時候是需要用心招攬和觀察的，**我不是花瓶站那裡就有人找我買車！**我是專業人士，要一對一服務才會成交。

而客戶的分類也沒有絕對的，這些只是幫助業務快速分析一下，後續完全還是要看你的招攬能力和說服力，但是有一個重點是：我不會勉強客戶！有時候因為這樣的個性而錯失一些業績，但是欣賞我的客戶會覺得這是我的優點，如果因為這樣而錯失業績的話，我把它歸於緣份未到，不需要覺得可惜，因為「成交是一時的，客戶才是長久的」。

32 銷售強碰，一定成全退讓！

金句

今天你搶贏了，改天換你被別家店搶了客戶，如此惡性循環，最終我們所有業務全都是輸家！

業務做久了、認識的客戶變多了，**重複銷售**（強碰）的狀況就會開始發生。有時候我們跟客戶已經談得差不多了，結果最後卻是幫別人做業績，這種狀況也算是業務要學習處理的問題之一。

為什麼會重複銷售？有二個原因，一個是客戶喜歡到處比、到處看，有時候在來你這裡之前已經跟別家店的業務談得差不多了，但是你並不知道；另外一個狀況是，客戶可能本來是去台南的營業所看車子，可是後來有朋友或是親戚介紹他來佳里我這邊看看，因為**客戶是流動的**，他會跑來跑去，可能每一家都問一問，最後再找一個他覺得最可靠、或是最了解他需求的業務買車。

如果在談話中有發現這種可能，我就必須詢問他是不是有先去別的營業所看過車子？有沒有跟別的業務接觸過？如果對方業務還沒有去跟客戶做過拜訪或跟催，我才會視狀況去跟客戶進一步接洽，以避免發生重複銷售的狀況。

有一次，有個客戶看到商業周刊的報導之後打電話來指名找我，但是他不跟我說他的手機，他說是用公司電話打的，可是我知道他的名字，因為我要mail一些資料給他。剛開始跟他聊的時候，我注意到一些特別的訊息，於是問他：「你有去看過車子了？你是看我們哪一家營業所的？」

後來知道他是看同一個區域的別家店，這樣我也只能幫那個業務成交，不能搶回來自己做。我跟他說：「如果是條件上的問題，我可以盡量幫你多爭取到什麼樣的程度，後續服務的部分也都可以來找我，這樣也就等於是跟我買的一樣，你看，**買一部車有那麼多業務幫你服務**，你絕對不會吃虧的。」

為什麼要避免重複銷售呢？**客戶既然沒說，為什麼不能假裝不知道呢？**因為發生這樣的事情只會讓銷售工作更艱難、更惡化，而不會有任何好處。

舉例來說，我們台南這邊每個營業據點都很近，所以可能有客戶很閒，一個下午五家都看完了，東比比、西問問，基於人性的心理，就容易用甲開的條件去套乙的話、或是故意激起不同業務之間的競爭，甚至業務為了搶客戶而破壞行規、打破原則，引發很多不好的後遺症！

之前我當店經理時，跟許多主管研討訂定了業務規章，其中針對重複銷售的問題該怎麼杜絕，十點要項裡面有七、八點都是我建議的。

像是會到各家店詢價的來店客，除非別店的業務最近都沒有去拜訪客戶，才視同對方放棄，不然我們一旦知道已經有別家店先接洽時，就會告誡自己不要去跟客戶再次接觸，以免影響別人銷售。

試想，如果我今天搶下台南店的訂單，改天我到那邊當店經理，人家會服我這個主管嗎？而且我認為該我的就是我的，不是我的就不是我的，**我們並不是因為搶別人的業績，才使自己的業績變好！**今天你贏了，改天換你被別家店搶了客戶，如此惡性循環，**最終我們所有業務全都是輸家！**

坦白說，做業務要的就是業績，也都很在乎業績，要自動甘願放棄幫別人做業績，實在很掙扎，這個是天性，所以要約束業務遇到重複銷售的案例時還能成全退讓，是非常不容易的事情！

我的方式是，盡量一開始就先了解是否重複銷售？如果是，我會毫不猶豫地讓別的業務去賣，甚至是我幫對方談定後整個業績掛給他！我不是不在乎，我也是凡人不是神，我會這樣大方退讓，是因為我相信客戶是一輩子在經營的、業績只是一時的！**我爭的是一輩子，不是一張訂單而已**。

有一次，我遇到一個狀況，那是保養廠介紹來的客戶，我不知道客戶已經有跟別家業務接洽過了，於是很積極的解說介紹，就在快成交時，中崙一家店的經理打電話給我，跟我說那個客戶是他們業務之前在談的，是一個重複銷售的狀況。

我直覺的反應是，應該不可能吧？因為是熟人介紹的，而且那個經理報出來的客戶名字並不一樣，我不認識他說的客戶，而且我也沒有答應客戶所告訴他的那些條件，是不是弄錯了呢？

於是，我決定親自跑一趟，去確認到底是不是重複銷售？隔天到中崙那家營業所跟經理及業務交換資料、討論了一、二個小時，最後確定二個案子真的是同一件、客戶也是同一組人，只是留不同人的資料！

那個業務把我教育訓練時所傳授給他們的技巧運用在這一組客戶身上。他說因為擔心客戶的貸款條件不會通過，於是先跟客戶留資料徵信。

有時候買車的關鍵差別在於貸款會不會通過，所以業務都會等通過了之後再收訂金。他把這種話術運用在客戶身上，所以客戶也就讓他安排先去徵信，就因為這樣，即使後面幾乎都是我談的，但我也不好意思去搶業績了。

雖然我必須放棄這個業績，但因為是熟人介紹、客戶又很信任我，所以後面還是由我繼續接洽、出面幫他服務，再把業績掛給那個業務。

我幫客戶處理的時候，也坦白跟客戶說：「我會把業績做給原來接洽的業務，你不用怕再去面對他，他也不會再打電話給你，這是你擔心的問題點，我都幫你處理好了。」

客戶當然很高興，不然他會一直有心理壓力，因為一開始他並不是故意要去比較，只是剛好在那個賣場得到我們新車的訊息，後來熟人知道他想買我們家的車，又把他介紹過來，才變成重複銷售了。

但是，客戶交代車牌號碼裡不能有四，這個在我們寫的購車計畫書裡面都有，不過對方業務忘記了，幸好我有打電話又提醒他們經理一次。再來，客戶要貼整張的隔熱紙，他們也忘記貼了，感覺沒有把這個客戶交代的事放在心上，所以交車時我不放心，又陪客戶一起去。

同時我在收完客戶的證件和資料之後，**馬上又送去給那個業務**，因為隔天就是月底，大家都在拚最後一天趕業績，所以只有親自幫他跑一趟，才能趕得上當月的績效。

後來這個客戶常常介紹其他人來跟我買車，也成為我忠實的樁腳之一，但跟其他業務就沒怎麼往來了，為什麼？其實做任何事情都是一樣的邏輯：**關心和在乎！**

我們通常覺得對某些業務失望，或是買賣的經驗並不開心，多半都是因為業務員忘了做到這二項。我們對自己或親人的事情，不必催也會主動關心，但是對於跟你買車、給你業績、**如同衣食父母般的客戶**，卻顯得不太在意、冷淡許多，這種態度我實在不是很理解。

當年，我訂定一年要賣掉二百台車的目標，被很多人笑，但他們都沒想到，我有許多業績都是靠這些死忠樁腳來幫忙達成的！

33 找不到貴人，多半是自己的問題

金句

業務的「口才」沒有那麼重要，只要你講的話客戶能聽懂就好，有時候太過強調口才，反而容易給人不真誠的感覺。

許多業務會抱怨客戶難搞、好的客戶太少、談案子過程充滿了未知的變數，讓業務工作更加困難，害他們浪費了很多時間，到頭來還是白忙一場！

他們來找我訴苦，或是打電話問我：「經理，請問要如何才能開市？要如何才能賣的好？⋯你怎麼都找得到那麼多客戶啊？為什麼我們幾星期都沒辦法賣出去半輛車？⋯⋯」

其實，他們的問題都很雷同，只是問我的方式不太一樣，都是在問：「客戶在哪裡？好客戶在哪裡？要怎麼賣給他們？」

我通常只要聽個一、二分鐘，大概就會知道：1.他們進來公司多久了？2.他們可能的問題是出在哪裡？

通常，會打電話或來找我談的業務員，大部分都是新進人員。（可能資深人員不好意思吧？）他們通常都容易被卡在「沒有客源、失敗率偏高」的挫折裡。

菜鳥業務的離職率是最高的，對於剛接觸銷售工作的業務而言，最大的門檻和困難就是——沒經驗、沒客源、銷售不出去！最後就容易導致：沒有信心、沒有勇氣、沒有目標、失去動力！

所有菜鳥業務員都很羨慕成功的業務員，覺得自己都找不到客戶，怎麼業績好的業務員客戶卻是不請自來、源源不斷？怎麼看別人銷售和招攬都那麼輕鬆容易，碰到自己就困難重重？

這些過程，每個人多少都會經歷到，差別可能只是在於時間長短，和能不能度得過而已。

基本上，我認為新手業務員的第一年，只是替銷售生涯買了張入場券，還沒有能力上場，你只是先來觀摩、看比賽的，不要期待已經能上場擊出全壘打了！不要有過高的期待，壓力才會比較小。

如何能生存下去才是業務員最重要的事，能待一年就能待二年、能待二年就能待三年……只是之後待得越久就會遇到越多的問題、遇到越困難的挑戰！

通常我會建議他們一開始不要擔心賣不多，或者是成交太慢，因為銷售本來就不可能一步登天，最重要的還是一步一腳印、把基礎打好。等到你賣出第一台車之後，開始好好做好售後服務、慢慢經營自己的人脈、打出自己的口碑。

業務工作最大的特色，就是要不斷和大量陌生的人接觸、講話，這些人來自各行各業，所以你永遠不可能用同一種方法或同一套說詞去應對每一個人。

我認為想要從事業務、成為好業務，必須有兩個很重要的個人特質：一是**不白目**；二是**敢開口**。

聽起來好像不是一件難事，但兩個特質都要具備其實是很不容易的，現在很多年輕人敢開口但都很白目，這些小孩多半是獨生子、或是被過度保護的孩子，他們從小到大的經驗都是「別人會給」而不是自己爭取，所以他們不會去在乎別人怎麼想、不太理會別人的感受，自己的事情永遠比別人的事情重要，只要遇到問題就放棄，沒有抗壓性也沒有韌性，這就是年輕業務常常被人嫌的原因。

我們這一輩小時候的成長環境是不同的，家境通常不好，尤其像我們家是全家住在外公外婆家，那時候要和舅舅一家人一起生活，如果不懂得看大人的臉色，可是會被修理得很慘。

所以我算是從小就塑造成很會看人臉色、不會白目的個性，這算是業務很重要的特質，而且這種個性最好是從小養成，難以靠後天培養，因為行為學得來，個性是學不來的。

但是我就沒有敢走出去、敢開口的特質。因為我的家庭養成背景並沒有把我塑造成八面玲瓏、勇於表達自我、敢跟陌生人開口的個性，現在我可以和不同客戶都講得上話、和不同層級的人都有辦法聊天，是後來進入社會職場時所慢慢學習累積的，尤其是高二暑假在一家製冰機公司短期打工時，遇到一位很厲害的業務型老闆，對我影響很深。

這是我的第一份工作，而且是做業務的，這個工作也讓我的性情從此大轉變、開始開竅！以前都太內向了，不敢開口，後來逐漸學會怎麼講話、怎麼當一個業務，**可以說我的業務生涯是被那個老闆啟蒙的。**

當時打工時間雖然不長，但是那個老闆交遊廣闊，甚至還有不少黑道朋友，所以做人也是八面玲瓏，手腕非常高，我記得二十幾年前的時候他就有一支黑金剛手機、開一台一百五十萬左右的SAAB汽車，一個月電話費上看二萬，當時電話費不像現在這麼便宜，但是我非常喜歡看他講電話，因為往往一通電話裡他可以把死的都講成活的，滔滔不絕的口才讓人佩服！

那時候我很不會講話，記得當時如果要騎車去拜訪新客戶，假設車程是三十分鐘，我就會害怕擔心三十分鐘，不知道要講什麼、也不知道要怎麼開口？所以我很愛在一旁聽他談事情，可以學到很多撇步，他的三寸不爛之舌就是他成功的關鍵。

當年是泡沫紅茶正興盛的年代，擴充非常快，每一家冷飲店都需要冰塊，所以製冰機絕對是一個商機。這個老闆是非常聰明的人，在二十多年前就會自己設計問卷調查表，當時我們一批新人根本沒有能力去推銷、跑業務，所以都是他帶我們去推銷、帶我們去每一家冷飲店做問卷，詢問每一家店、每天需要購買的冰塊數量等資訊，他只要求我們出去一定要拿名片回來、填好報表一定要交給他，要收齊這些店家資料，回來後還要填寫洽談狀況，再把店家名片貼上去，他光從這些工作細節就知道你這個人適不適合當業務。

二十多年前他的報表管理已經做得很完整了，所以他可以從我們的報表記錄中，找到可能有意願的店家，然後再帶我們一起去洽談。當時我從沒有成功洽談過一家，因為業務技巧和表達能力根本不足！但即使是我們都覺得一定不可能買、人家根本不想理我們的店家，只要他去，那些店家就彷彿喝了他的符水般，他怎麼講都對！我們在旁邊光聽他講話就大受激勵，學到很多說話和談判技巧，包括後來的報表管理和客戶追蹤管理系統，都是從那個時候學到概念，之後再靠自己慢慢研究改善的。

我開始逐漸懂得做業務要會說話、要會銷售話術，就是從那個時期開始的，當然當時還不懂得要怎麼說、也不是很了解「會說話、有說服力」是很重要的事，就只是覺得他好厲害，忍不住就會偷偷觀察、學習、模仿，看看他會講什麼話引起店家的興趣？怎樣開啟話題？如何叫人家買東西又不會引起反感？當別人要拒絕時，如何讓對方回心轉意？……等等。

那時候年紀小，其實不懂得有系統的學習，只是覺得照著他成功說服的方法去模仿就對了，模仿久了，慢慢的自己就好像也說得出一些特別有趣的話術、開始可以讓人印象深刻了。

我認為當業務的**「口才」**其實並沒有那麼重要，**只要你說的話客戶能聽懂就好**，所以你不用說得天花亂墜、引經據典、文縐縐的，你只要很誠意的講、不中斷的講，口才夠用就好，不一定要很好，但是**「說服力」**就比口才重要得多了！**你的說服力夠好，業績多半就不會太差**。

我個人覺得說服力不等於口才，口才很好的人，說服力不一定就好。**有時候太過強調口才，反而容易給人不真誠的感覺**。

以我自己的情況來說，我覺得說服力是心態問題，你肯不肯先說服你自己去說服別人？這個很重要！我一定要自己先聽得下去，才可以去說服客戶，如果連自己都聽不下去了，講再多都沒用。

說服力需要透過學習和練習，像那個老闆就是我很好的學習對象，有時候說服力也會表現在我急中生智的話術中，我常常遇到不斷打槍的客戶、嫌棄我們品牌不好，什麼難看的場面大概都見過，因此能否臨危不亂、說出有說服力的話來改變客戶的成見，對我來說是拿不拿得到訂單的關鍵。

所以學習是很重要的，不只是從書本上學習，身邊的人事物更是重要的學習來源，即使到現在我還是在觀察學習，而且是每一個人、包括我們公司的新進同事都是我的學習對象，學習的不只是成功方式，就連做錯的事情也有很多值得學習之處。

我覺得每個人身上都有值得學習的經驗，因為每個人都認為自己是最厲害的，所以做事的方式就是他覺得最好的，而我們去看事情對錯，是以結果論定，所以做的過程中我們不知道究竟這樣是不是最好、最正確的方式，唯有等到最後結果。

然而人生如果事事都要經過自己驗證、從錯誤中學習，那可能要花很多時間力氣，而且付出的代價會很大，輕則損失訂單、嚴重的話得罪了客戶、對你始終不諒解。所以如果我們能從別人的經驗中學習到優缺點，就可以減少很多跌跌撞撞的過程、不用自己犯錯，所以我不會只看做對的事情，也會看別人做錯的事情，這樣才能學到更多。

接下來，業務員會碰到的考驗還有很多，例如：能不能細心觀察到客戶的需求？能不能幫客戶規劃最適合他的產品、貸款和保險？能不能做到始終如一的服務熱誠，不會買前一個樣、買後一個樣？讓他們感受到你是真的關心他們，而不是只想賣掉東西而已！

這些都很難，說穿了也不難，端看你有沒有心成為一個好業務而已。我個人認為，業務員陷入困境、業績無法成長的主要關鍵有二個：

一、自設立場、容易放棄。

業務做久了，最常見的問題就是心態變懶了、變的會分析客戶了！

業務員最容易犯的錯誤之一，就是以為自己把業務都摸熟了，於是替自己找偷懶的理由，失去剛入行當菜鳥時的積極度。所以常常看到業務員輕易放棄認為不會馬上成交的客戶，或是很難搞、要花很多時間處理的客戶、貸款條件不好的客戶……等等。

一感覺這個案子不是那麼好處理、客戶一出現問題時，業務就急著放棄，或是直接拒絕客戶，以至於很多時候業務都是**敗在沒有繼續堅持下去**這件事上，忘了最初開始當業務時是如何謹慎又珍惜的對待那些願意上門給你機會、不管最後會不會成交的客人。

菜鳥業務沒經驗，不懂分析、也不會自設立場，只要有機會接觸客戶，就算碰壁機率高，但憑藉著熱忱和誠懇，不放過任何成交可能，終會遇到不吝給予機會的客戶。反倒是入行一段時間的資深業務，自認已經學會銷售技巧，也懂得分析，於是會開始判斷眼前這位客戶的成交機率、開始預設立場，甚至過濾客戶，業績才會因此不進反退，我手上就接過不少其他業務不想處理的客戶。

以我自己二十年過來人的經驗，建議業務員一定要記得保持初衷，要對銷售工作充滿熱忱，業務的路才能走得好、走得久！

保持初衷的方法有很多，但都比不上把工作培養成興趣來得有效！如果這是你的興趣，你自然而然會對銷售有熱情，可以不厭其煩地處理各種問題，對客戶也會真誠關心，把他們的事當成自己的事來處理，對任何困難都容易保持正面的態度、把解決困難當成是挑戰自己的絕佳機會，也能理解沒有天上掉下來的一百分好客戶，**就算有，也不會剛好掉在你頭上！**

除此之外，你還要每年幫自己設定要想要達成的目標、再逐一去完成。我其他故事有寫到，為什麼設定目標對業務員來說很重要，可以去參考看看。

另外，很重要的一件事就是，努力工作之外，也要懂得適時的紓壓、盡情放鬆。因為業務的工作是一條長路，不是馬拉松，除了堅持到底之外，有支撐你持續下去的能量更重要！

二、沒有貴人（椿腳）幫忙介紹。

如果業務員每個月拼開市只能守株待兔，那掛零的機率就很高！因為身為業務員不是只有賣東西這個功能，**也不應該是只有這個功能！**

除了剛從事業務工作的新人不懂如何銷售、還沒有屬於自己的客戶，他們本來就只能靠來店客才能開市，但是如果你已經做了一年以上，技術成熟了，加上懂得良好的顧客管理，自然就應該要有固定的貴人（椿腳）來介紹成交，如果沒有，多半是你的工作方法或是態度出了問題！

一個上市公司的總經理就曾經說過：「找不到貴人，多半是自己的問題。」能幫你介紹客戶的貴人，隨處都有、隨時都有，講真的還蠻多的！我連沒有見過面的客戶都會幫我介紹訂單了，誰說貴人不是到處都有呢？他們並不是靠巧合或是運氣碰見的，而是靠自己平時的努力和經營、是靠自己贏來的。

我常常勉勵自己：「只要每天都有做銷售工作、做好售後服務，就不怕沒有業績。」我最怕沒人介紹客戶給我，因為那代表我的服務出了問題，假如不深思自己的問題出在哪裡，很快就會被客戶給遺忘了。

面對困境時，要記得，**能打敗你的一定是你本身的問題，而不是環境。**

34 交車的考驗——業務的應變能力、危機處理能力，和開口的時機！

金句

通常客戶沒有問超過二十個問題，應該還只是一知半解而已。

整個銷售過程走到最後一關**交車**，不要以為就可以輕鬆了，反而有很多問題都是交車的時候才開始的！而對業務員處理事情能力的考驗，也是交車的時候最多。

對我有一定了解的人都知道，我最注重的，就是交車時的流程和給客戶的感受，**因為交車交得好，好處很多！**

很多業務員都容易忽略這一點，你在跟客戶談配備、議價，談得讓客戶再滿意，絕對不會比看到車子的當下來得開心！客戶最高興的那一刻，就是拿到車子的時候，那時候你講什麼他都聽得進去。

奇妙的是，我後來發現一個有趣的現象：剛交完車的客戶幾乎都會在一週內再介紹一位朋友來找我看車！因為大家都有獻寶的心態，有了新車肯定要載家人、載朋友出去，一定會跟親友聊起這台車，再加上我向客戶介紹車子的方式，有很多都是**自己發明的有趣話術**，所以客戶不但會記得而且印象深刻，講到新車時他就會照這樣跟親友介紹，而從他們口中講出來，絕對會比起我們講同樣的話來得更有效果！這時候如果正好有人也想買車，當然就會心動想來看看。

我曾經賣車給一個遊樂園的警衛，有一天他正好下車要去換班，一個遊客路過就問了他一句：「這台車好不好開？」當下他就把我說的那些介紹詞講一遍給遊客聽，還直接打電話給我，讓我跟那個遊客講話，結果就這樣成交了！是不是很神奇？所以，交車時是客戶感受最好的時刻，一定要好好把握。

很多媒體也報導過，形容我交車就像「大體解剖」。因為我很龜毛，所有交車的前置作業包括配件那些，一定都會檢查再檢查，可以說是當成自己的車子在準備，直到確認沒有問題為止，所以我交車至少都需要二、三個小時以上，從引擎蓋到後車廂逐一講解，光是介紹車子的功能、裝配件的使用、協助客戶自行操作和練習、試車，就佔去很多時間。

通常客戶沒有問超過二十個問題，應該還只是一知半解而已。對於客戶有疑慮的地方，我一定會盡量把握在交車的黃金時間，不厭其煩的解釋和帶他們操作，到客戶通通都了解為止，有時候甚至會花上**五個多小時**來交車，務必要做到比客戶更在乎他們的車子！

交完車之後，再帶客戶走一趟保養廠，介紹保養廠的師傅或主管給他們，讓他們彼此認識、預先打點好關係，對客戶來說是一種被在乎、車子一定會得到好好照顧的感受。

但是，交車時是業務員最好表現的時候，**同時也是最容易出狀況的時候！**

從一開始，「交車時間」就是一個很重要的細節。有一個客戶跟我買過三台車，後來他又去買雙B的進口車，他說被我的交車和服務給寵壞了，對雙B的業務抱怨連連。照理說這種高級進口車，一台要價二百多萬，服務應該比我們國產車更好、更貼心才是，但從客戶的感受看來，服務細節還是有很多改進的空間，例如都要交車了，時間也沒跟人家講，說等時間確定了再跟客戶講就好了。

這個就犯了我的大忌，不是確定了才講，**就是因為時間不確定**，你才更應該要跟客戶講清楚。你不但要提早講，還要安撫一下客戶，跟他說：「某某某，不好意思，你的車因為什麼原因，可能要再多等半天或一天……」連這些都不告訴客戶，是要讓客戶整天都在那邊等你的電話嗎？然後交車趕，洗車也很趕，交車流程也不流暢，簡單講就是感覺沒有很重視。

身為業務應該要很care客戶，但是他們沒有讓客戶感覺到他們有care，光這幾點就讓客戶完全對業務失去了信心！之前辦手續時可能都很順暢，因此觀察不出業務員的態度和能力如何，**到交車時就完全暴露出弱點了**！

可惜的是，一般業務不太重視的交車流程，正是最關鍵的時刻。你想想看，到了交車最後一關表現是這樣，客戶是從此再也不聯絡，還是會介紹想買車的朋友給你、有機會時會想到你呢？

再來，裝配件的人很多都有公務員心態，對他們來說貼一張隔熱紙和貼一百張隔熱紙都是一樣的，再加上一部車子動輒一、二萬個零件，客戶如果額外加裝或改變什麼配件，難免會出狀況，就算再仔細的師傅也可能發生失誤，我也不可能在出廠前全部都一一檢查過、試過，所以在交車的過程中我會更細心的幫客戶把關。

交車時我們常會遇到零組件有發生一些小缺失，有時候是內裝很髒沒有檢查到、有時候是服務廠的烤漆有瑕疵（因為我們以前的維修師傅是都老師傅，技術沒那麼好）、有時候是改裝的配件電線外露……什麼都有可能。

像有一次客戶提出要求希望我能把新車開到他家去交車，就在快要開到他們家時，我發現車子的音響怪怪的，聲音不太正常。碰到這種尷尬的突發狀況，一定要第一時間就坦誠相告，絕對不要心存僥倖、隱瞞事實，俗話說坦白從寬，**主動告知才能把問題的嚴重性降到最低**。

於是交車時我就主動跟客戶說音響有電流聲，接下來剛好碰到三天連假，裝配工廠也都休息，所以我請客戶暫時先再忍耐三天，連假結束的第一天我就會立刻幫他處理。

業務的危機處理能力一定要有！雖然交車當下的興奮感和喜悅會因為這些瑕疵而少了些，但由於我是主動告知、並且承諾會盡快處理，客戶通常都能接受。

如果在交車時就發現的問題，我一定會立刻打電話給裝配件的人，我會跟對方說：「我最在意的就是我去交車時發現問題，如果再有這種情形、沒有安裝得很完美、很精確的話，我會把問題直接往上呈報，我不能容許這樣的事情重複發生。」

沒錯！我要求裝配廠安裝的水準就是要達到完美的程度，才算合格！所以如果廠裡的師傅要以「還好啊、差不多啊、這難免吧」這一類的話來敷衍我，我一定不會客氣。雖然我沒有職權可以去規定他們怎麼做，但我可以跟能夠規範他們的人講，絕對不讓裝配人員的疏失影響到客戶，這是我的原則。而這樣反應過之後，裝配廠通常都會比較警惕。

但是，不是光懂得跟客戶坦白從寬就好了，**業務員坦承缺失的時機也很重要！**什麼時候講、該怎麼講，給人的感受會差很多！千萬不能一見面劈頭就說：「你的什麼什麼東西壞了，你放心，我會幫你找人修好……」這麼莽撞反而容易把問題給搞大，更容易惹毛客戶。

我通常選擇坦白的時機，**一個是「正巧介紹到壞掉的那個東西的功能時」**，不然就寧可**「把問題留到最後再講」**。

像有一次是一個客戶車門旁邊的塑膠內襯有細微的刮傷，那個部分其實只是一個小小的獨立零組件，直接換掉不會有影響，只是一開始就先講的話客戶的感覺一定很不好，所以我是等到花了二個半小時交完車之後才跟客戶說：「我後來檢查到這邊時注意到有小刮傷，真的很不好意思，請您一千公里保養時再回來幫您換新的。」

留到最後再說，是因為前面交車都很順利、很開心，而這個問題也不大，不需要急著破壞了客戶拿到新車的好心情，所以才最後再說。如果一開始就講，客戶不會讚許你的誠實，只會覺得怎麼新車還沒開就這樣！怎麼你們的品質這麼差！只會覺得聽了很不舒服，反而有可能打壞了接下來要進行的流程。

所以，坦白的時機以及話該怎麼說，都很重要！

而交車時除了自己嚴格把關之外，很少人知道，交車過程能夠順暢完美，跟我長期配合的洗車場老闆也幫了不少的忙！

我平均每個月的交車數量少說也有十多台，每次都是我自掏腰包幫客戶洗車，一個月平均下來就要大概一萬多元以上的洗車費，我跟老闆的交情也因此而像朋友一樣了。

我跟廠商維繫關係的方法就是「盡量給人方便」。我常跟洗車廠老闆配合，但從來不會用**我給你生意做，我就是大爺**的嘴臉對待他，我對他相當客氣和尊重，常常給他行方便，例如我自己的車子要洗，請老闆安排一下來取車，但是等到下午都還沒看到來開走車子，有些人可能就直接責問了，但我明白他一定是太忙走不開，我會說跟他說：「沒關係，我的車子不急，先洗客戶的，等你有空再來拿。」

所以他覺得我的態度很好，碰到是我客戶的車子要洗，他都幫忙優先處理，有時候遇到「特急件的車子」，可能是一、二個小時內就要交車了、不馬上洗就會來不及，這時候我拜託他，他都會立刻幫我處理，已經變成很有默契的知道什麼車子幾點要給人家、什麼車子可以晚一點，從來沒讓我交不出車子過！有時候我跟他說這部新車十二點要交，請他幫我趕一下，他肯定幫我趕在十二點準時交，誤差絕對不會超過十分鐘。

更好的是，**他還會幫我做最後一層的把關**！通常他在洗車時都會特別幫我注意內裝、配件、烤漆等等的部分有沒有什麼問題？有些小瑕疵還都是他幫我發現的。

而且，由於他洗過的車子非常乾淨、蠟打得很漂亮，就算發現一些沒處理好的小瑕疵，但是每個客戶看到車子洗得這麼漂亮時，也不會再嫌到哪裡去了，我因此減少很多困擾，生意也變得更好。這就是我之前一直強調的，一定要好好經營服務廠和一些協力廠商，他們常常會在無意中幫了你的大忙，你可能都不知道！

我對待所有廠商的一貫態度是，如果我對你好，但是你對我不好，沒關係，吃虧就是佔便宜，我不會計較。但是，如果是配合上一直出狀況，那麼除非是沒有別的廠商可以配合了，不然我一定馬上換掉，不過就算換掉廠商，也千萬不要得罪人，頂多不再合作就算了，絕對不要口出惡言罵他、更不要撕破臉。

動怒、生氣，都是業務員的大忌，我們要訓練自己的心胸格局，就是要從這些地方培養起，你的人脈和機會才會更多、更廣。

35 保險到底是在保什麼？1

一般消費者對車險的認知很模糊，以為保全險就是所有的險種都投保了，並不清楚內容到底有包含哪些？我看過很多業務員在談保險時，都只是輕描淡寫的帶過，認為那些都是制式的保單，所以不需要特別多講，客戶可以說是完全搞不清楚自己究竟投保了哪些項目？一旦發生事故，自己又有哪些保障也是一頭霧水。

這樣其實是很危險的，因為保險是會跟著客戶一整年（如果每年都保一樣的，那就是好幾年了），但我不可能跟在客戶身邊一整年，如果投保的險種幫不了客戶，到時候影響客戶權益該找誰負責？

我遇到很多客戶一開始都說只要保「強制險」就好了，講到後來都進步到投保「丙式車體險」。為什麼我要那麼不厭其煩的跟客戶一再說明保險的重要性？當然不是為了賺那一點點的手續費！

我發現，當我跟客戶講保險細項的時候，客戶十個有九個半沒聽過！這麼多年來都一樣，所以一講到保險，我就會講解的很詳細，並且會用實際的例子來輔助說明，這樣客戶會比較容易理解。

招攬一個車險並不是只有收一次保費那麼簡單，我當然希望客戶都不會發生意外、不會遇到理賠的問題，可是就算你很小心、沒有過失，萬一倒楣遇到白目的車主怎麼辦？有時候遇到麻煩的狀況，可能歷經三個月、半年，甚至一年都還無法達成和解，那就很嚴重、很令人頭痛了！而且後續的處理也都很煩瑣。

所以投保車險必須依據客戶的經濟狀況、性別、年齡、需求，甚至是工作性質來提供建議。講白一點，就是應該要為每個客戶做到量身規劃，才能真正保障他們、符合他們的需要。

一般來說，車險會先把客戶分成兩種——**會開車的，跟不會開車的**（比較容易出險，和比較不會出險）。

通常一開始我會問客戶：「車主是要掛誰的名字？」很多客戶會把車子掛在媽媽或老婆的名下，因為三十～六十歲的女性保費是最便宜的。

保險公司認為，三十～六十歲的女孩子開車比較穩、比較不容易出狀況，所以保費會算比較便宜，而如果年紀越輕、開車越衝動，保費就會比較貴，所以很多人會選擇掛名給媽媽。

再來，現在保險有非常多種，但是一般業務員最喜歡跟客戶說：「我幫你保全險喔，一年X萬X萬……」然後沒有客戶會搞清楚自己的全險到底是包括哪些？會以為不管日後出什麼事情一律都有保險公司會負責，結果很多人等到出險時，才發現怎麼跟想像的不太一樣?!

所謂的「全險」，其實只是一種約定俗成的統稱而已，在保險規章裡並沒有真正叫全險的險種。業務員說全險，意思是包含車體險、竊盜險、第三責任險、意外險……等等，比較重要的險都幫你保了，所以就統稱為全險。

聽起來好像也都對，但是就像我說的，保險的差異很大，一定要根據每個人不同的狀況來量身打造，才不會變成保了一堆、但出險的時候卻幫不上什麼忙！所以對我來說，全險就是「完全根據不同客戶來規劃的完整保障」，跟其他業務的定義不太一樣。

最重要的險種，就是「車體險」，**車體險就是出險時是賠我們自己的車子、不是賠對方的車子**。車體險有分甲式、乙式、丙式三種，一般來說，我比較不推薦甲式。

甲式跟乙式的差別，只在於甲式多了一個「不明狀況車損險」，意思是，例如你晚上車子停在外面被撞了或是被破壞了，它就有理賠。但是它是有自付額的規定，第一次出險自付額三千、第二次五千、第三次七千。

也就是說，不管你的車子修理費多少錢，你自己也要出三千、五千、七千元，如果你第二次出險，修理費總共才五千元，那你還去申請理賠幹嘛？所以我比較不建議客戶選甲式，這麼多年來，我也只幫一個客戶辦過甲式的。

而乙式的，就是只要是自己撞到的都有賠，有分有自付額的和免自付額的二種。有自付額的以前也是分三千、五千、七千，這個用意是為了約束客戶出險的次數，這樣客戶才不會亂出險。

但是要自付額的問題跟前面說的一樣，有時候你修車費才六千，你自己要出五千，怎麼划算?!而這二種險的保費也才差一千元，所以我都會建議客戶用乙式免自付額，這樣才划算。寧願一開始先花多一千元，可是有免自付額，在保險期間內不管出險多少次都有理賠，不用自付。

保費的話，如果以三十～六十歲的女性來講，還要看品牌、車種、零件的價格貴不貴？如果只是概算，我們以現代二千 c.c.、八十萬的車子來說，乙式免自付額的保費大概在三萬五左右。

再來，乙式免自付額跟丙式免自付額有什麼差別？首先，丙式絕對沒有自付額，因為不會怕你隨便亂出險。**丙式一定要有事故現場、一定要有警察在現場處理，然後一定是車子對車子的事故。**如果你是自己去撞到牆壁、電線桿那種的都沒有賠，一定是撞到車子，而且一定是要有車牌的車子才有賠，如果你是撞到腳踏車、怪手這些沒掛車牌的也是不賠的，但電動腳踏車就有賠，因為它有懸掛車牌。

丙式如果是不小心倒車擦撞到車子也有賠，這不是故意的，是因為技術、因為不小心，就一定有賠。丙式只要有撞到車子就有賠，就算是小小擦撞也要叫警察來處理，這是原則。

丙式的費用，以相同條件之下，三十～六十歲的女性、二千 c.c.、車價八十萬，保費一年大概一萬元，比乙式便宜很多，因為賠的範圍不同、加上一定要有警方在場，所以無法造假。

如果要簡單來總結，**乙式賠的範圍比丙式廣；丙式除了車子互撞之外，其他都沒賠。**

所以，我打個比方，如果你是一個初學者、剛拿到駕照要買車子，也沒有什麼保全險的觀念，你請業務幫你算保費，一聽一個要三萬五（乙式）、一個只要一萬多（丙式），你當然會選擇丙式的，一般業務也不會跟你分析清楚它們的差別。

但如果你是這樣選的話，就錯了！

我會建議你如果經濟狀況允許的話，還是保乙式的，因為你是新手駕駛，自己去刮到、撞到的機會很大，你保丙式，結果你常常都是自己去撞到東西、很少對撞事故，那保那個要幹嘛？雖然比較便宜，少了二萬多塊，可是沒有用啊，你的狀況都沒賠！

還有要注意的是，這個車體險只要有出過險，隔年的保費就會比較高一點。

36 保險到底是在保什麼？2

再來是「竊盜險」，一般來說，竊盜險的理賠算法是：假設你的車子是八十萬、是出廠的當月新車失竊，最高賠你九成，等於是賠七十二萬；如果是隔月失竊，那再扣三％的折舊，此後每多一個月加扣二％，一年剛好扣掉二十五％，所以如果你剛好在第十二個月不見的，就是車價乘以○．七五，等於說只有賠五十幾萬。

不想被折舊，你也可以再多加保一個「竊盜免折舊」，就是不管你是哪個月失竊的，都可以賠到如同當月新車的九成！以八十萬的車來說竊盜險大概要四千元、竊盜免折舊一年大概是多六百五十元就可以搞定了。所以你只要四千元再加上六百五十元，還不到五千，這樣就可以固定理賠七十二萬，划算多了，你的損失也比較輕。如果你的車子還在貸款中，這個險就一定要保，才會比較有保障。

竊盜險，顧名思義就是車子失竊，而理賠的條件一定是要**「甲地失竊乙地尋回」**！不能是甲地失竊甲地尋回、也不能是在原地被偷走東西，例如你只是停在原地被人打破玻璃偷音響，那個就不是竊盜險，那叫「零件險」。

可是一般來說我不會建議客戶保零件險，因為對保戶有點不太公平，以國產車來說，保費一千元，它只賠六倍等於是六千塊；進口車保費是二千元，也是賠六倍等於是一萬二，也就是說，就算你車子裡面被偷了十萬元的音響，進口車還是只賠一萬二，那個根本不划算，所以我通常會跟客戶說零件險我就不建議你保了。

再來是你一定要保的「強制險」，沒有保的話，會被罰三到六千元。

強制險就是「汽機車強制責任險」，是當年柯媽媽花了八年的時間奔走爭取來的。二十幾年前她讀到研究所的兒子被砂石車撞死，砂石車司機跟她嗆說：「我們常常在撞死人，妳兒子是研究生，我賠妳三十萬，要不要隨妳，不然妳去告啊……」

於是柯媽媽決定化悲憤為力量，努力爭取這個法條立法通過。它的保費是政府收的，保險公司只是代收而已，理賠也是政府在賠，最大身故賠一百六十萬、醫療二十萬。

強制險不用有肇事責任歸屬、不用和解就可以理賠，理賠的時候是賠給對方，不是賠給自己。

如果你不是騎車或開車的人、自己沒有投保，那你就要跟對方的保險公司申請理賠。如果你們雙方都有保，那就隨便看是要跟對方的保險公司申請，還是跟你們自家的保險公司申請都可以，因為是政府賠錢，保險公司只是代理而已，並不會造成保險公司的虧損。

所以只要有事故的事實，不管是開車互撞還是被撞的，都可以自己申請，也可以去對方的保險公司申請。只是說如果要去對方的保險公司申請，原則上保險公司要讓對方口頭同意（要有通聯記錄），這樣會有一點麻煩，我就曾經碰過對方不通人情不同意的。

曾經有客戶要申請醫療理賠，他希望能趕快拿到，但對方就是不同意，很不通人情！照理說強制險是政府出錢，對方沒有理由不同意。如果碰到這種情況，通常我都會再去代為溝通，所以如果你本身沒有強制險，就得對方同意；如果你自己也有，就向自己的保險公司申請就可以了。

這個客戶當時是自己去撞到對方，肇事責任是百分之百在自己，也就是對方完全沒有責任，而且是我們的車主比較嚴重，因為他的車子全損，原本人家的廂型車停在路邊，結果他時速一百多撞過去，對方是頸椎受損，我們的客戶手骨折、腳斷得打鋼釘進去，他去醫院開診斷證明跟醫療收據，因為還有其他的保險要賠的問題，所以我們就一起跟對方申請，結果對方不同意，怎樣都不願意行個方便，於是我去跟對方溝通，暗示他：「那後續我在幫你申請理賠車損那些時，就不會那麼用心囉……」我並不是在威脅他，只是說如果你不通人情，不管我怎麼跟你說明你都不聽，那只好用這個角度來處理事情了，他後來立刻好好配合。

強制險的意思就是，只要有事故的事實，不用管是誰對誰錯，只要有受傷或大身故就賠。如果有些肇事者沒有投保怎麼辦？還是會賠！有一個賠償的基金會會先代賠，再去跟對方求償。

37 保險到底是在保什麼？ 3

再來談「意外險」，它的全名叫「第三人意外責任險」。意外險是賠最多的，一般來說，如果說外面的代檢人員（就是幫人驗車的）都會幫人保100/200/30（單位：萬元），但如果是我的話，起碼會幫客戶保300/600/50（單位：萬元）。

你可能聽不懂那是什麼意思，以300/600/50來說，意思是理賠時最大身故會賠你三百萬一個人、一個事故總額不會超過六百萬；一個人三百萬，兩個人可能六百萬，但三個人還是六百萬，就是它一定要給你一個限度。

這裡所說的三百萬、六百萬都是賠人（賠對方），後面有個三十、五十萬，那個是「財損」，賠物品。物品不一定是車子，路邊的電線桿也算，只要是你不對，肇責在你這邊，都要賠。

肇事責任還有分，從一成到十成的責任歸屬，一般有所謂的三七、四六、五五，大概是這個比例，二八的話就比較少，大部分都是三七或四六，五五比較常是因為對方很執意說我不要賠那麼多，到後來兩家保險公司喬一喬，有時候就同意五五，就算肇事責任有明顯的倒向哪一邊，但也許因為某些因素，然後喬成五五都有可能。

我常常幫客戶保保300/3000/50的，曾經最多幫客戶保到500/5000/100（單位：萬元），這個也是現階段保險公司所願意承做的最高額度，不過財損一百萬不並是每一家保險公司都願意收，所以還是要看狀況。

像我們公司附近有個麵攤，曾經一個月被人家撞進去二次！這個時候駕駛所保的意外險裡面財損的賠償範圍，就不管是麵攤，還是被波及到的鄰居、甚至是電線桿，所有的財物損失通通都會賠，如果保的是300/600/50（單位：萬元），那就是最高賠償不超過五十萬。一般財損都是保五十萬，保到六、七十萬的都是對保險非常內行的人，他才會去保，因為以一年三千二百多塊錢的保費來說，財損大概就佔了一千七。

如果是保300/3000/50、三十～六十歲的女性，她的保費一年大概是三二二五元，如果是男性，一年大概是三六八五元，每一家不一樣。如果是500/5000/100的話，保費一年大概要五千多元。

意外險理賠的金額都很高，動輒好幾百萬，賠最高的就是這個，比如說你去撞到對方，他後座還有載人，結果造成他們都有受傷還是怎樣，都會理賠，理賠金額不能超過你保的總額。但是有兩種情形不賠，**一個是沒有駕照的、一個是酒駕**，所以車子最好不要隨便借人開。

這個意外險的部分是賠對方，如果你自己這邊也有人受傷怎麼辦？那就是「乘客險」理賠的範圍了。

我常跟客戶說，這個險全部都是賠對方的，所以最好一定要保額度最大的。很多人反而這個部分保的很少，有些人財損只保十萬，而這十萬的額度還是為了要驗車，所以想保個最低的、只花個一千多塊就好了，結果他去撞到別人，要修理十七萬，自己還得花七萬元去賠對方，如果他當初是保五十萬，就不用管是要賠十七萬還是四十七萬了，不會還要自掏腰包！

接著說到乘客險，這個就是屬於人壽險的範圍了，**乘客險是針對坐在你自己這**

台車子裡面的人所保的保險，比如說一個人保一百萬，以一般都是五人座來說，不是一百萬乘以五個人，而是四位乘客加上一位駕駛。

為什麼要這樣分？因為乘客險跟機車強制險有一點點雷同，機車強制險賠的是在後座被載的那個人、而不是騎的那個人。

乘客險要你本身有責任過失才會賠，比如說你後座載了兩個人，他們都受傷了，但是別人的過錯引起的，這樣的話乘客險沒賠，因為那是對方不對，是對方的乘客險要來賠你。要注意的是，乘客險沒有「代位求償」，但「車體險」就有。

所謂代位求償就是，如果今天別人撞到你，別人完全不對，你修車花了十萬塊都是別人要賠給你的，結果他沒有錢也沒有保險，你就可以從自己的保險先辦理理賠，再由保險公司去跟對方要，跟你一點關係都沒有，所以保了這個險可以省下一個麻煩就是，不用擔心必須一直跟對方周旋。可是乘客險沒有，如果對方沒有保險也沒有錢，你也不能用自己的乘客險來理賠，因為你沒有肇事責任就不能賠。

上面講到的是乘客受傷的部分，但如果是你這個駕駛受傷的話也有賠，因為裡面有含駕駛險，還是一樣只有兩種情況不賠：**沒駕照跟酒駕**。

至於建不建議客戶保乘客險？一般來說我看的是發生的機率，做了十幾年的業務，我是一次都沒有幫客戶申請過乘客險的理賠，那代表它發生的機率可能很小。不過，像之前八八風災時有橋樑斷了，掉進河裡面的車子只要有保乘客險的就有賠。

重要的保險大概就是前面說的這幾類，剩下還有一些比較特殊的險種，例如：地震險、颱風險……等，這些基本上客戶沒有提出要求，我就不會主動去跟他談。

這三篇有關保險的種種細節，其實不只是給消費者看的，我更希望每個從業的同行朋友們，都能夠像我一樣花多一點心思好好替客戶解說，因為保險對客戶來說真的很重要，關係到身家性命和財產的安全，一點都不能省略。

我最常聽到客戶說他的業務員只跟他說他的保險費用一共要多少錢、大概是保什麼？可是他對於保了什麼險一點概念都沒有，更不知道萬一出了什麼事，他的哪個保險有理賠？可以賠多少？哪個可以用來賠人家？這些通通不清楚！等到要出險時，才知道原來他保了三、四個險，但真正重要的他沒保到、或是保得不夠！

我跟客戶解說保險最少都不會低於十五分鐘，講之前已經會先根據客戶的資料來幫他規劃，例如：男性，五十三歲，公司中階主管，買車是為了上下班代步、出差和帶家人出遊，經常有遠距的行程，開車老手，開慣哪一類的車，偶爾家人會開他的車，沒有自己的車位、路邊停車機率大……等等，來跟他分析建議，有時候客戶要是聽得很有興趣，我還會跟他講到半個多小時以上，直到讓他全部搞懂他保的是什麼、適合的是什麼為止，甚至是想要拿回多少錢而保這個險！

有很多客戶一開始本來只想隨便保個幾千塊的，最後常常會改變心意變成保二萬多塊的，因為聽完他覺得多花一萬多塊買個人身和財物保障是值得的！

其實保險真的很難面面俱到，所以就是盡量平均分擔一下風險，每一樣都保一點點，這就跟賭博一樣，比如說你只押注在意外險上，其他都不保，結果每次出險都是你沒保到的，你會覺得怎麼保險都幫不到你的忙？所以清楚了解每個險種它的理賠條件和規則，是賠對方還是賠自己？哪些賠哪些不賠？是非常重要的。

一般業務如果肯花點時間好好跟客戶介紹這一塊的話，對自己也有很大的加分，因為客戶多半都不懂，所以他就會覺得「你好專業喔！」，他不但會對你更加信賴，還會覺得你很為他設想，這對業務本身來說也是有很大好處的。

註：因完稿多時，如果保險的相關規定或現況有什麼變動，以最新更動為準。

趨勢文化
出版有限公司

小人物大智慧 1

旱地阿貴

台灣最了不起業務員，用口碑和獎盃寫滿傳奇，

二十年來首度公開 第一名的思維和態度！

國家圖書館出版品預行編目（CIP）資料

旱地阿貴：台灣最了不起業務員,用口碑和獎盃寫滿傳奇，二十年來首度公開！ / 林文貴作. -- 初版. -- 臺北市：趨勢文化出版, 2018.10
面； 公分. --（小人物大智慧 ; 1）
ISBN 978-986-95269-1-3（精裝）

1.銷售 2.銷售員 3.職場成功法

496.5 107017585

作　　者　林文貴
總　　監　馮淑婉
主　　編　熊愛玲
故事提供　林文貴
採訪撰稿　五人採訪小組
故事統籌　Selena
照片提供　林文貴
編輯協力　Selena、助哥、熊愛玲

封面設計　R-one
內頁排版　唯翔工作室
校　　對　Selena、助哥、沛寧、陳安一
團購&演講洽詢　8521-6900
讀者服務電話　8522-5822＃66

法律顧問　永然聯合法律事務所

初版一刷　2018年10月31日
ISBN　978-986-95269-1-3
Printed in Taiwan
定價 400元